电类专业通用教材系列

可编程序控制器及其应用

（S7 – 1200）

廖书琴　刘志伟　常　芳　主　编

知识产权出版社

全国百佳图书出版单位

—北京—

图书在版编目（CIP）数据

可编程序控制器及其应用：S7-1200 / 廖书琴，刘志伟，常芳主编. —北京：知识产权出版社，2025.1. —ISBN 978-7-5130-9557-0

Ⅰ. TM571.61

中国国家版本馆 CIP 数据核字第 2024W0X391 号

内容简介

本书根据职业教育的特点编写，共分 5 个项目。项目 1 是入门部分，主要介绍 PLC 的基础知识、工作原理、结构、安装、接线、数据类型、编程软件的初步使用等。项目 2 是基本指令编程，以工程实例介绍位逻辑指令、定时器、计数器、比较指令、数学运算、移动指令、移位指令、程序控制指令等的使用。项目 3 是扩展应用，以工程实例介绍数据块、子程序控制、高速计数器、模拟量应用等。项目 4 是通信控制，以工程实例介绍 S7 通信、OUC 通信、Modbus TCP 通信控制等。项目 5 是 S7-1200 与变频器综合应用，以工程实例介绍变频器多段速控制、恒压供水 PID 控制、S7-1200 与变频器 USS 通信控制。

本书适合各类职业院校自动化、电类和机电类等相关专业使用，也可作为企业岗前培训教材。

责任编辑：张雪梅　　　　　　　　　　责任印制：刘译文

封面设计：曹　来

可编程序控制器及其应用（S7-1200）

KEBIAN CHENGXU KONGZHIQI JI QI YINGYONG（S7-1200）

廖书琴　刘志伟　常芳　主编

出版发行：知识产权出版社有限责任公司		网　址：http://www.ipph.cn	
电　话：010-82004826		http://www.laichushu.com	
社　址：北京市海淀区气象路 50 号院		邮　编：100081	
责编电话：010-82000860 转 8171		责编邮箱：laichushu@cnipr.com	
发行电话：010-82000860 转 8101		发行传真：010-82000893	
印　刷：三河市国英印务有限公司		经　销：新华书店、各大网上书店及相关专业书店	
开　本：787mm×1092mm　1/16		印　张：14.75	
版　次：2025 年 1 月第 1 版		印　次：2025 年 1 月第 1 次印刷	
字　数：332 千字		定　价：59.00 元	

ISBN 978-7-5130-9557-0

前　言

　　本书根据职业教育的特点和培养适应生产、建设、管理、服务第一线需要的技能型人才目标要求，以及"工学结合、任务驱动、项目引导、教学做一体化"的原则，以西门子S7-1200系列PLC为对象编写，适合各类职业院校自动化、电类和机电类等相关专业使用，也可作为岗前培训教材。

　　本书的特点是以任务组织内容，以典型工程实例为主线，引导学生由实践到理论再到实践，将理论知识完全融入每一个任务中，做到教、学、做紧密结合，充分体现了任务引领、实践导向的课程设计思想。全书以5个项目、21个工作任务贯穿而成，内容简明实用，图文并茂，深入浅出，力求使学生学得会、会得明白，注重培养学生分析问题、解决问题的能力。

　　本书由湖南潇湘技师学院/湖南九嶷职业技术学院廖书琴、刘志伟、常芳主编，全书由廖书琴统稿并编写项目4、项目5，刘志伟编写项目2、项目3，常芳编写项目1。本书的编写得到了湖南潇湘技师学院/湖南九嶷职业技术学院的大力支持，编写过程中参考了大量相关文献资料，难以一一列举，在此一并表示衷心的感谢。

　　由于编者水平有限，书中难免存在不足之处，恳请读者批评指正。

目　　录

项目 可编程序控制器入门知识

随着电子技术和控制理论的不断发展，传统继电接触器控制已不能满足现代自动控制的要求，从而出现了控制精度高、灵活方便而得到广泛应用的可编程序控制器。认识和了解可编程序控制器的结构与工作原理，是学习和掌握后续设计、改造知识的必备条件，也是今后进行各种自动化控制设备的安装、调试、维修的坚实基础。

任务 1.1　可编程序控制器基础知识

学习目标
1. 了解可编程序控制器的发展历程。
2. 知道可编程序控制器的特点。
3. 知道可编程序控制器的技术性能指标。

1.1.1　可编程序控制器的发展历程

1968 年美国通用汽车公司提出取代继电器控制装置的要求；1969 年美国数字设备公司（DEC）研制出第一台可编程序控制器 PDP-14，用于通用汽车公司的生产线，取代生产线上的继电器控制系统，开创了工业控制的新纪元。随后，德、英、法等各国相继开发了适于本国的可编程序控制器，并推广使用。1971 年，日本研制出第一台 DCS-8；1973 年，德国西门子公司（Siemens）研制出欧洲第一台可编程序控制器，型号为 SIMATIC S4；1974 年，我国也开始研制生产可编程序控制器。

早期的可编程序控制器是为取代继电器-接触器控制系统而设计的，用于开关量控制，具有逻辑运算、计时、计数等顺序控制功能，故称之为可编程逻辑控制器（Programmable Logic Controller，PLC）。

随着微电子技术、计算机技术及数字控制技术的高速发展，到 20 世纪 80 年代末，可编程序控制器技术已经很成熟，并从开关量逻辑控制扩展到计算机数字控制（CNC）等领域。近年生产的可编程序控制器在处理速度、控制功能、通信能力等方面均有新的突破，并向电气控制、仪表控制、计算机控制一体化方向发展，性能价格比不断提高。这时的可编程序控制器的功能已不限于逻辑运算，而具有了连续模拟量处理、高速计数、远程输入输出和网络通信等功能。国际电工委员会（IEC）将可编程逻辑控制器改称为可编程控制器（Programmable Controller，PC），后来由于发现其简称与个人计算机（Personal Computer，PC）相同，所以又沿用了 PLC 的简称。

20 世纪 70 年代中末期，PLC 进入实用化发展阶段，计算机技术已全面引入可编程控制器，使其功能发生了飞跃。更高的运算速度、超小型体积、更可靠的工业抗干扰设计、模拟量运算、PID 功能及极高的性价比奠定了它在现代工业中的地位。

20 世纪 80 年代初，PLC 在先进工业国家中已获得广泛应用。世界上生产可编程控制器的国家日益增多，产量日益上升。这标志着 PLC 已步入成熟阶段。

20 世纪 80 年代至 90 年代中期是 PLC 发展最快的时期，年增长率保持在 30%～40%。在这一时期，PLC 处理模拟量能力、数字运算能力、人机接口能力和网络能力都得到了大幅度提高，可编程逻辑控制器逐渐进入过程控制领域，在某些应用上取代了在过程控制领域处于统治地位的集散控制系统（DCS）。

20 世纪末期，PLC 的发展特点是更加适应现代工业的需要。这一时期发展了大型机和超小型机，诞生了各种各样的特殊功能单元，产生了各种人机界面单元、通信单元，使应用 PLC 的工业控制设备的配套更加容易。

目前在世界先进工业国家 PLC 已经成为工业控制的标准设备，它的应用覆盖了钢铁、石油、化工、电力、建材、机械制造、汽车、轻纺、交通运输、环保及文化娱乐等各个行业。PLC 控制技术已经成为当今世界的潮流，成为工业自动化的三大支柱（PLC 控制技术、机器人、计算机辅助设计和制造）之一。

1.1.2　可编程序控制器的特点及技术性能指标

1. 可编程序控制器的特点

可编程序控制器具有通用性强、使用方便、适用面广、可靠性高、抗干扰能力强及编程简单等特点，这些特点使其在工业自动化控制特别是顺序控制中拥有无法取代的地位。

（1）控制功能完善

PLC 既可以取代传统的继电接触器控制，实现定时、计数及步进等控制功能，完成对各种开关量的控制，又可实现模/数、数/模转换，具有数据处理能力，完成对模拟量的控制。新一代的 PLC 还具有联网功能，将多台 PLC 与计算机连接起来，构成分散和分布式控制系统，以完成大规模、更复杂的控制任务。此外，PLC 还有许多特殊功能模块，如定位控制模块、高速计数模块、闭环控制模块及称重模块等，适应各种特殊控制的要求。

（2）可靠性高

PLC 可以直接安装在工业应用现场且稳定可靠地工作。在设计 PLC 时，除选用优质元器件外，还采用了隔离、滤波及屏蔽等抗干扰技术，并采用先进的电源技术、故障诊断技术、冗余技术和良好的制造工艺，从而使 PLC 的平均无故障工作时间超过 3 万 h。大型 PLC 还可以采用由双 CPU 构成的冗余系统或由三 CPU 构成的表决系统，使可靠性进一步提高。

（3）通用性强

各 PLC 生产厂家均有各种系列化、模块化及标准化产品，品种齐全，用户可根据生产规模和控制要求灵活选用，以满足各种控制系统的要求。PLC 的电源和输入/输出信号等也有多种规格。当系统控制要求发生改变时，只需修改软件即可。

（4）编程直观、简单

PLC 中最常用的编程语言是与继电接触器电路图类似的梯形图语言，这种编程语言形象直观，容易掌握，使用者不需要专门的计算机知识和语言，即可在短时间内掌握。当生产流程需要改变时，可使用编程器在线或离线修改程序，使用方便、灵活。对于大型、复杂的控制系统，还有各种图形编程语言，设计者只需要熟悉工艺流程即可编制程序。

（5）体积小、维护方便

PLC 体积小、质量轻、结构紧凑，硬件连接方式简单，接线少，便于安装维护。维修时，通过更换各种模块，可以迅速排除故障。另外，PLC 具有自诊断、故障报警功能，面板上的各种指示便于操作人员检查调试，有的 PLC 还可以实现远程诊断调试功能。

（6）系统的设计、实施工作量小

PLC 用存储逻辑代替接线逻辑，大大减少了控制设备外部的接线，使控制系统设计及实施的周期大为缩短，非常适合多品种、小批量的生产场合。同时，系统维护也变得容易，更重要的是使同一设备通过程序修改改变生产过程成为可能。

2. 可编程序控制器的技术性能指标

PLC 最基本的应用是取代传统的继电接触器进行逻辑控制，此外还可以用于定时/计数控制、步进控制、数据处理、过程控制、运动控制、通信联网和监控等场合。PLC 具有可靠性高、抗干扰能力强、功能完善、编程简单、组合灵活、扩展方便、体积小、质量轻及功耗低等特点，其主要性能通常由以下指标描述。

（1）I/O 点数

I/O 点数通常指 PLC 的外部数字量的输入和输出端子数，这是一项重要的技术指标，可以用 CPU 本机自带的 I/O 点数来表示，或者以 CPU 的 I/O 最大扩展点数来表示。通常小型机最多有几十个点，中型机有几百个点，大型机超过千点。另外，还可以用 PLC 外部扩展的最大模拟量数来表示点数。

（2）存储器容量

存储器容量指 PLC 所能存储用户程序的多少，一般以字节（B）为单位。

（3）扫描速度

PLC 的处理速度一般用基本指令的执行时间来衡量，即一条基本指令的扫描速度，主要取决于所用芯片的性能。

（4）指令种类和条数

指令系统是衡量 PLC 软件功能强弱的主要指标。PLC 具有基本指令和高级指令（或功能指令）两大类指令，指令的种类和数量越多，软件功能越强，编程就越灵活、方便。

（5）内存分配及编程元件的种类和数量

PLC 内部的存储器有一部分用于存储各种状态和数据，包括输入继电器、输出继电器、内部辅助继电器、特殊功能内部继电器、定时器、计数器、通用"字"存储器及数据存储器等，其种类和数量的多少关系到编程是否方便灵活，也是衡量 PLC 硬件功能强弱的重要指标。

此外，不同 PLC 还有其他一些指标，如编程语言及编程手段、输入/输出方式、特殊功能模块种类、自诊断、监控、主要硬件型号、工作环境及电源等级等。

3. S7-1200 系列可编程序控制器的技术性能指标

S7-1200 系列 PLC 是西门子公司 2009 年推出的面向离散自动化系统和独立自动化系统的紧凑型自动化产品，定位在原有的 SIMATIC S7-200 系列 PLC 和 S7-300 系列 PLC 产品之间。S7-1200 系列 PLC 涵盖了 S7-200 系列 PLC 的原有功能并且新增了许多功能，可以满足更广泛领域的应用。表 1.1.1 所示为目前 S7-1200 系列 PLC 不同型号 CPU 的性能指标。

表 1.1.1　S7-1200 系列 PLC 不同型号 CPU 的性能指标

CPU 类型	CPU1211C	CPU1212C	CPU1214C	CPU1215C	CPU1217C
3 CPUS	DC/DC/DC、AC/DC/RLY、DG/DC/RLY				DC/DC/DC
集成的工作存储区/KB	50	75	100	125	150
集成的装载存储区/MB	1	1	4	4	4
集成的保持存储区/KB	10	10	10	10	10
存储卡	可选 SIMATIC 存储卡				
集成的数字量 I/O 点数	6 输入/4 输出	8 输入/6 输出	14 输入/10 输出		
集成的模拟量 I/O 点数	2 输入			2 输入/2 输出	
过程映像区大小	1024B 输入/1024B 输出				
信号扩展板	最多 1 个				
信号扩展模块	无	最多 2 个	最多 8 个		
最大本地数字量 I/O 点数	14	82	284		
本地模拟量 I/O 点数	3	19	67	69	
高速计数器/个	3	5	6		
单相	3（100kHz）	3（100kHz） 1（30kHz）	3（100kHz） 3（30kHz）		4（1MHz） 2（100kHz）

续表

CPU 类型	CPU1211C	CPU1212C	CPU1214C	CPU1215C	CPU1217C
正交相	3（80kHz）	3（80kHz） 1（20kHz）	3（80kHz） 3（20kHz）		3（1MHz） 3（100kHz）
脉冲输出	最多 4 个，CPU 本体 100kHz，通过信号板可输出 200kHz（CPU1217 最多支持 1MHz）				
脉冲捕捉输入/个	6	8	14		
时间继电器/循环中断	共 4 个，精度为 1ms				
边沿中断/个	6 上升沿/6 下降沿（使用可选信号板时，各为 10 个）	8 上升沿/8 下降沿（使用可选信号板时，各为 12 个）	12 上升沿/12 下降沿（使用可选信号板时，各为 14 个）		
实时时钟精度	±60s/月				
实时时钟保持时间	40℃ 环境下，一般 20 天/最小 12 天（免维护超级电容）				
布尔量运算执行速度/（μs/指令）	0.08				
动态字符运算速度/（μs/指令）	1.7				
实数数学运算速度/（μs/指令）	2.3				
端口数/个	1			2	
类型	以太网				
数据传输速率/（Mbit/s）	10/100				
扩展通信模块	最多 3 个				

1.1.3 可编程序控制器的分类

目前，PLC 的不同厂家或同一厂家的不同产品种类繁多，功能各有侧重，从不同的角度可将 PLC 分成不同的类型，其常用的分类方法有如下两种。

1. 按容量分类

为了适应信息处理量和系统复杂程度的不同需求，PLC 具有不同的 I/O 点数、用户程序存储器容量和功能范围。PLC 在 20 世纪 90 年代已经形成微型、小型、中型、大型及巨型等多种类型，实现对外部设备的控制。其输入端子与输出端子的数目之和称作 PLC 的输入/输出点数，简称 I/O 点数。按 I/O 点数 PLC 可分为微型 PLC（几十点 I/O）、小型 PLC（几百点 I/O）、中型 PLC（上千点 I/O）、大型 PLC（几千点 I/O）和巨型 PLC（上万点 I/O 及以上）。

2. 按硬件结构形式分类

PLC 的结构形式从大的方面分为整体式和模块式两大类，另外还出现了内插板式

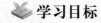

的 PLC，也可以看作模块式 PLC。

（1）整体式结构

整体式结构的 PLC 是把电源、CPU、输入输出、存储器、通信接口和外部设备接口等集成为一个整体，构成一个独立的复合模块。通常，微型、小型 PLC（如西门子 S7-200 系列和 S7-1200 系列）都是整体式结构。这种结构体积小，安装调试方便。

（2）模块式结构

模块式结构是将 PLC 按功能分为电源模块、主机模块、开关量输入模块、开关量输出模块、模拟量输入模块、模拟量输出模块、机架接口模块、通信模块和专用功能模块等，并根据需要搭建 PLC 结构。这种积木式结构可以灵活地配置成小型、中型、大型系统。

1）无底板。靠模块间接口直接相连，然后固定到相应导轨上。西门子的 S7-300 系列即为此类。这种结构需要采用接线插头连接，要单独固定时还需另外订购固定支架。

2）有底板。所有模块都固定在底板上，比较牢固，但底板的槽数是固定的。槽数与实际的模块数不一定相等，所以配置时难免有空槽。这样既造成浪费，又多占空间，有时甚至还得用占空单元把多余的槽覆盖好。西门子的 S7-400 系列 PLC 就是此类。

3）用机架代替底板。所有模块都固定在机架上。这种结构比底板式的复杂，但更牢靠。采用此种组合时，模块不用外壳，但有小面板，用于组合后密封与信号显示。

4）内插板式。为了适应机电一体化的要求，有的 PLC 制造成内插板式，可嵌入有关装置中。例如，有的数控系统，其逻辑量控制用的内置 PLC，就可用内插板式的 PLC 代替。

思考与练习

1. 选择 PLC 时，通常要考虑哪些性能指标？
2. PLC 的特点有哪些？

任务 1.2　可编程序控制器的基本结构及工作原理

学习目标

1. 知道可编程序控制器的结构。
2. 知道 PLC 的工作模式。
3. 知道 PLC 的工作原理。

1.2.1 可编程序控制器的基本结构

PLC 实质上是一种专用于工业控制的计算机，其硬件结构基本上与微型计算机相同。不管是哪种品牌的 PLC，不外乎主要由中央处理器单元（CPU）、存储器（ROM/RAM）单元、输入/输出（I/O）单元、电源、编程设备等组成。PLC 内部结构框图如图 1.2.1 所示。

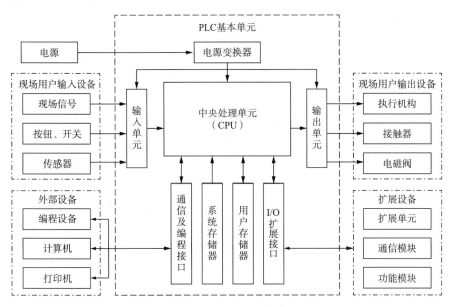

图 1.2.1 PLC 内部结构框图

1. 中央处理单元（CPU）

中央处理单元（CPU）是 PLC 的核心部分，在整机中起到类似人的神经中枢的作用，其主要功能有：

1）接收从编程设备输入的用户程序和数据，并存储在存储器中。

2）用扫描工作方式接收现场输入设备（元器件）的状态数据，并存储在相应的寄存器中。

3）监视电源、PLC 内部电路工作状态和用户程序编制过程中的语法错误。

4）在 PLC 的运行状态下，执行用户程序，完成用户程序规定的各种算术逻辑运算、数据的传输和存储等。

5）按照程序运行结果，更新相应的标志位和输出映像寄存器，通过输出部件实现输出、制表打印和数据通信等。

2. 存储器（ROM/RAM）单元

PLC 的存储器是用来存放系统程序和用户程序的，它有只读存储器（ROM）和随机存储器（RAM）两大类。

（1）只读存储器（ROM）

只读存储器用于固化 PLC 制造商编写的各种系统工作程序。这些程序相当于个人计算机的操作系统，在很大程度上决定该种 PLC 的性能，用户无法更改或调用。

（2）随机存储器（RAM）

随机存储器又分为程序存储区、数据存储区和位存储区。程序存储区主要用来存储用户程序，可以改变和调用。数据存储区存放中间运算结果及当前值和运行必要的初始值。位存储区存放 PLC 中内部的输入继电器、输出继电器、辅助继电器、定时器、计数器等，这些不同的继电器占有不同的区域，有不同的地址编号。

为了使在外部电源断电的情况下随机存储器中的信息不丢失，在 PLC 中都有后备锂电池，后备电池的使用寿命一般为 3～5 年。

3. 输入/输出（I/O）单元

输入/输出（I/O）单元是工业控制现场各类信号的连接单元，PLC 通过输入接口把外部设备的各种状态或信息读入 CPU，按照用户程序执行运算与操作，又通过输出接口将处理结果送至被控制对象，驱动各种执行机构，实现工业生产过程的自动控制。

（1）输入单元

输入单元接收工业控制现场的各种参数，把现场信号转换成 PLC 内部处理的标准信号。各种 PLC 的输入接口电路结构大致相同，按照输入信号的不同分为开关量输入、数字量输入、脉冲量输入、模拟量输入四大类。

在输入接口电路中，每一个输入端子可接收一个来自用户设备的离散信号，即外部输入器件可以是无源触点，如按钮、开关、行程开关等，也可以是有源器件，如各类传感器、接近开关、光电开关等。在 PLC 内部电源容量允许的条件下，有源输入器件可以采用 PLC 输出电源（24V），否则必须外设电源。

（2）输出单元

输出单元将 PLC 的输出信号转换成外部所需要的控制信号，并以此驱动外部各种执行元器件，如接触器、电磁阀、指示灯、调节阀、调速装置等。为适应不同负载的需要，各类 PLC 的输出都有继电器输出（RY）、晶体管输出（TR）、晶闸管输出（SSR）三种类型。

继电器输出利用继电器的触点和线圈将 PLC 的内部电路与外部负载电路进行电气隔离，交流及直流负载都可以驱动，其原理图如图 1.2.2 所示。

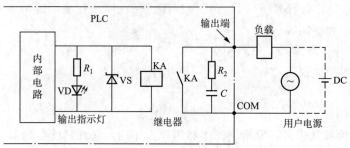

图 1.2.2　继电器输出原理图

晶体管输出通过光电耦合器使晶体管截止或导通以控制外部负载电路,并将 PLC 内部电路和晶体管输出电路进行电气隔离。其只能驱动直流负载(一般 DC 30V/点以下),原理图如图 1.2.3 所示。

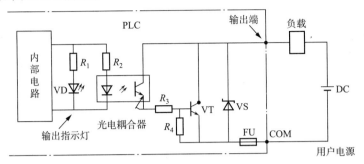

图 1.2.3　晶体管输出原理图

晶闸管输出通过光电耦合器使晶体管截止或导通以控制外部负载电路,并将 PLC 内部电路和晶闸管输出电路进行电气隔离。其只能驱动交流负载(一般 0.2A/点以下),原理图如图 1.2.4 所示。

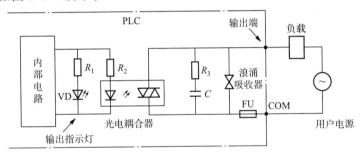

图 1.2.4　晶闸管输出原理图

注意:起重设备类、电梯类的控制只能使用继电器输出,不得使用晶体管和晶闸管输出。

4. 编程设备

编程设备用来对 PLC 进行编程和设置各种参数。通常 PLC 编程有两种方法:一种方法是采用手持式编程器。它体积小、价格便宜,只能输入和编辑指令表程序,又叫作指令编程器,便于现场调试和维护。另一种方法是采用安装有编程软件的计算机和连接计算机与 PLC 的通信电缆。这种方式可以在线观察梯形图中触点和线圈的通断情况及运行时 PLC 内部的各种参数,便于程序调试和故障查找。程序编译后下载到 PLC,也可将 PLC 中的程序上传到计算机。程序可以存盘或打印,通过网络还可以实现远程编程和传送。

5. 电源

PLC 使用 220V 交流电源或 24V 直流电源。内部的开关电源为各模块提供 5V、

±12V、24V 等直流电源。小型 PLC 一般都可以为输入电路和外部的电子传感器（如接近开关等）提供 24V 直流电源，驱动 PLC 负载的直流电源一般由用户提供。

6. 扩展接口

通过各种扩展接口，PLC 可以与编程器、计算机、PLC、变频器、EEPROM 写入器和打印机等连接，总线扩展接口用来扩展 I/O 模块和智能模块等。

1.2.2　可编程序控制器的工作原理

继电器控制装置采用硬逻辑并行运行的方式，即如果一个继电器的线圈通电或断电，该继电器所有的触点（包括其常开或常闭触点）在继电器控制线路的任何位置上都会立即同时动作。PLC 则采用"顺序串行扫描，不断循环"的扫描方式进行工作，即如果一个输出线圈或逻辑线圈被接通或断开，该线圈的所有触点（包括其常开或常闭触点）不会立即动作，必须等扫描到该触点时才会动作。

1. PLC 的工作模式

PLC 有运行（RUN）模式和停止（STOP）模式两种工作方式。

（1）停止模式

当处于停止工作模式时，PLC 只进行内部处理和通信服务等。

（2）运行模式

PLC 在运行模式时的工作过程要经历输入采样、程序执行和输出刷新三个阶段，如图 1.2.5 所示。

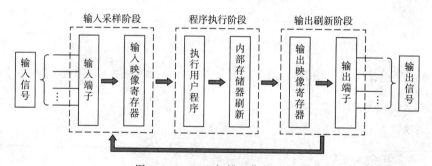

图 1.2.5　PLC 扫描工作的过程

2. PLC 的工作过程

（1）输入采样阶段

在输入采样阶段，PLC 以扫描方式依次读入所有输入状态和数据，并将它们存入 I/O 映像区中相应的单元内。输入采样结束后，转入用户程序执行和输出刷新阶段。在这两个阶段中，即使输入状态和数据发生变化，I/O 映像区中相应单元的状态和数据也不会改变。

（2）程序执行阶段

在用户程序执行阶段，PLC 总是按由上而下的顺序依次扫描用户程序（梯形图）。在扫描每一条梯形图时，又总是先扫描梯形图左边由各触点构成的控制线路，并按先左后右、先上后下的顺序对由触点构成的控制线路进行逻辑运算，然后根据逻辑运算的结果，刷新该逻辑线圈在系统 RAM 存储区中对应位的状态，或者刷新该输出线圈在 I/O 映像区中对应位的状态，或者确定是否要执行该梯形图规定的特殊功能指令。即在用户程序执行过程中，只有输入点在 I/O 映像区内的状态和数据不会发生变化，而其他输出点和软设备在 I/O 映像区或系统 RAM 存储区内的状态和数据都有可能发生变化，而且排在上面的梯形图，其程序执行结果会对排在下面的凡是用到这些线圈或数据的梯形图起作用；相反，排在下面的梯形图，其被刷新的逻辑线圈的状态或数据只能到下一个扫描周期才能对排在其上面的程序起作用。

（3）输出刷新阶段

当扫描用户程序结束后，PLC 就进入输出刷新阶段。在此期间，CPU 按照 I/O 映像区内对应的状态和数据刷新所有的输出锁存电路，再经输出电路驱动相应的外设。这时，才是 PLC 的真正输出。

其工作过程示例程序如图 1.2.6 所示。

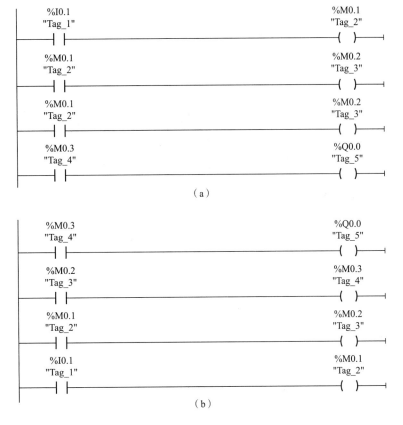

图 1.2.6 PLC 工作过程示例程序

3.PLC 的工作方式和工作特点

（1）工作方式

PLC 是集中采样、集中输出、不间断循环地顺序扫描，采用串行的工作方式。

如图 1.2.6（a）所示的梯形图程序，I0.1 代表外部的按钮，当按钮动作后，程序只需要一个扫描周期 Q0.0 就有刷新输出，而图 1.2.6（b）所示的程序要经过 4 个扫描周期才能完成对 Q0.0 的刷新输出。

（2）工作特点

1）PLC 运行正常时，扫描周期的长短与 CPU 的运算速度、I/O 点的情况、用户应用程序的长短及编程情况等均有关。通常用 PLC 执行 1K 指令所需的时间来说明其扫描速度（一般 1～10ms/K）。

2）输出滞后（响应时间），指从 PLC 的外部输入信号发生变化至它所控制的外部输出信号发生变化的时间间隔，一般为几十至 100ms。

引起输出滞后的因素主要有输入模块的滤波时间、输出模块的滞后时间和扫描方式。

3）由于 PLC 是集中采样，在程序处理阶段即使输入发生了变化，输入映像寄存器中的内容也不会变化，要到下一周期的输入采样阶段才会改变。

4）由于 PLC 是串行工作，所以 PLC 的运行结果与梯形图程序的顺序有关。这与继电器控制系统并行工作有本质的区别，避免了触点的临界竞争，减少了繁琐的联锁电路。

思 考 与 练 习

1. PLC 由哪几部分构成？
2. 按照输入信号的不同，PLC 输入分为哪几种类型？
3. 为适应不同负载需要，PLC 的输出分为哪几种类型？各适用于什么样的负载？
4. PLC 运行模式下的工作过程分为哪几个阶段？

任务 1.3　西门子 S7-1200 系列 PLC 的安装与接线

 学习目标

1. 会 S7-1200 系列 PLC 系统硬件的安装。
2. 知道 S7-1200 系列 PLC 的接线规则。
3. 会 S7-1200 系列 PLC 的接线。

1.3.1　西门子 S7 - 1200 系列 CPU 模块

S7 - 1200 系列 PLC 设计紧凑、组态灵活且具有功能强大的指令集，标准配置了以太网接口 RJ45，可以采用一根标准网线与安装有 TIA Portal 软件的计算机进行编程组态和工程应用。

目前，西门子公司提供了 CPU1211C、CPU1212C、CPU1214C、CPU1215C、CPU1217C 等类型 CPU 模块的 S7 - 1200 系列 PLC。图 1.3.1 所示为 CPU1214C 实物图。

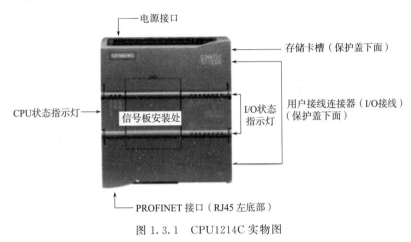

图 1.3.1　CPU1214C 实物图

1.3.2　S7 - 1200 系列 PLC 硬件系统安装

所有的 S7 - 1200 系列 PLC 系统硬件都具有内置安装夹，能够方便地安装在一个标准的 35mm DIN 导轨上。这些内置的安装夹可以咬合到某个伸出位置，以便在需要进行背板悬挂安装时提供安装孔。S7 - 1200 系列 PLC 硬件都可竖直安装或水平安装，且配备了可拆卸的端子板，不用重新接线，就能迅速地更换硬件。这些特性为用户安装提供了很好的灵活性，也使得 S7 - 1200 系列成为众多应用场合的理想选择。S7 - 1200 系列 PLC 系统示意图如图 1.3.2 所示。

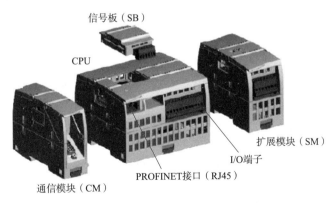

图 1.3.2　S7 - 1200 系列 PLC 系统示意图

1. CPU 模块安装

通过导轨卡夹可以很方便地安装 CPU 到标准 DIN 导轨或面板上。CPU 安装步骤如下：

1) 安装 DIN 导轨，每隔 75mm 将导轨固定到安装板上。

2) 将 CPU 挂到 DIN 导轨上方。

3) 拉出 CPU 下方的 DIN 导轨卡夹，以便能将 CPU 安装到导轨上，如图 1.3.3 （a）所示。

4) 向下转动 CPU，使其在导轨上就位。

5) 推入卡夹，将 CPU 锁定到导轨上，如图 1.3.3 （a）所示。

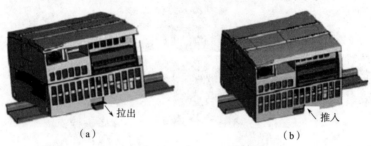

（a）   （b）

图 1.3.3　CPU 安装示意图

若要拆卸 CPU，先断开 CPU 的电源及其 I/O 连接器、接线或电缆。拆卸时按照与安装相反的顺序即可。

2. I/O 端子板连接器拆卸

拆卸 I/O 端子板连接器步骤如下：

1) 打开连接器上方的盖子，旋出端子板连接器的固定螺钉。

2) 将一字螺钉旋具插入可插入槽中，如图 1.3.4 （a）所示。

3) 轻轻撬起连接器顶部，使其与 CPU 分离，连接器从夹紧位置脱离，如图 1.3.4 （b）所示。

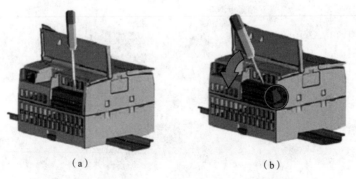

（a）   （b）

图 1.3.4　I/O 端子板连接器拆卸示意图

4）将连接器从 CPU 上卸下。

端子板连接器安装与拆卸顺序相反。需要注意的是：

1）连接器与单元上的插针对齐。

2）连接器卡入到位。

3．信号板（SB）安装

通过信号板可以在不增加空间的前提下给 CPU 增加 I/O。S7-1200 PLC 的任何一种 CPU 都支持扩展最多一个信号板，以扩展数字量或模拟量 I/O，而不必改变控制器的体积。目前信号板有 8 种，包括数字量输入、数字量输出、数字量输入/输出、模拟量输出等类型。S7-1200 系列 PLC 的信号板安装步骤如下：

1）将一字螺钉旋具插入 CPU 上部信号板安装处的槽中，轻轻将盖撬起，并从 CPU 上卸下，如图 1.3.5（a）所示。

2）将信号板直接向下放入 CPU 上部的安装位置，用力将信号板压入该位置，直到卡入就位，如图 1.3.5（b）所示。

3）重新装上端子板盖子，如图 1.3.5（c）所示。

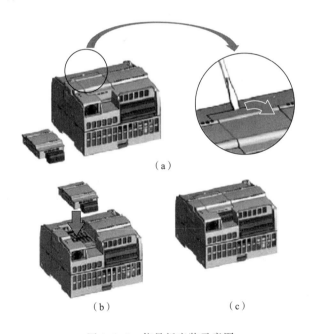

（a）

（b）　　　　　　　（c）

图 1.3.5　信号板安装示意图

4．扩展模块（SM）安装

扩展模块包括数字量输入、数字量输出、数字量输入/输出、模拟量输入、模拟量输出、模拟量输入/输出模块等类型。CPU1214C 支持最多 8 个模块扩展，扩展模块连接在 CPU 的右侧端。扩展模块的安装步骤如下：

1）卸下 CPU 右侧的总线盖。如图 1.3.6（a）所示，将一字螺钉旋具插入总线盖上方的插槽中，将其上盖轻轻撬出并卸下盖。

2）将信号模块挂到 DIN 导轨上方；拉出下方的 DIN 导轨卡夹，以便将信号模块安装到导轨上。

3）向下转动 CPU 旁的信号模块使其就位，并推入下方的卡夹，将信号模块锁定到导轨上，如图 1.3.6（b）所示。

4）伸出总线连接器即为信号模块建立了机械和电气连接。

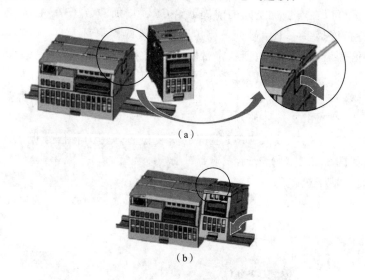

（a）

（b）

图 1.3.6　扩展模块安装示意图

5. 通信模块（CM）安装

S7 - 1200 系列 PLC 配备了不同的通信机制，所有的 S7 - 1200 CPU 都可配备最多 3 个通信模块，通信模块连接在 CPU 的左侧端。通信模块的安装步骤如下：

1）卸下 CPU 左侧的总线盖，如图 1.3.7（a）所示，将一字螺钉旋具插入总线盖上方的插槽中，轻轻撬出上盖。

2）如图 1.3.7（b）所示，将通信模块的总线连接器和接线柱与 CPU 上的孔对齐。

3）用力将两个单元压在一起，直到接线柱卡入到位，如图 1.3.7（c）所示。

4）将该组合单元安装到 DIN 导轨或面板上即可。

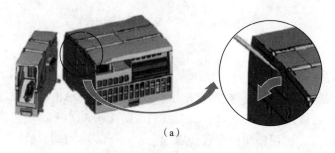

（a）

图 1.3.7　通信模块安装示意图

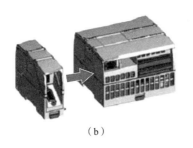

（b）　　　　　　　　　　　（c）

图 1.3.7　通信模块安装示意图（续）

6. 存储卡（SD）安装

图 1.3.8 所示为存储卡外形。S7-1200 系列 CPU 使用的存储卡为 SD 卡，有如下四种功能：

1）作为 CPU 的预装载存储区，用户项目文件仅存储在卡中，CPU 中没有项目文件，离开又无法运行。

2）在有编码器的情况下，作为向多个 S7-1200 PLC 传送项目文件的介质。

3）忘记密码时，清除 CPU 内部项目文件和密码。

4）更新 S7-1200 系列 CPU 的固件版本（只限 24M 卡）。

存储卡插入 CPU 的方式比较简单，首先断开 CPU 电源，然后将 CPU 上的保护盖掀开，将存储卡缺口向上插入右上角的 MC 卡槽中即可，如图 1.3.9 所示。

图 1.3.8　存储卡外形　　　　　　图 1.3.9　插入存储卡

注意：

1）对于 S7-1200 系列 CPU 存储卡不是必需的。

2）如果 CPU 正在运行，插入存储卡会造成 CPU 停机。

1.3.3　S7-1200 系列 PLC 接线

1. S7-1200 系列 PLC 接线规则

（1）安装现场的接线

在安装和移动 S7-1200 系列 PLC 模块及其相关设备时，一定要切断所有的电源。

S7－1200 系列 PLC 设计安装和现场接线的注意事项如下：

1）使用合适的导线。采用 $1\sim1.5\,mm^2$ 的导线。

2）尽量使用短导线（最长 500m 屏蔽线或 300m 非屏蔽线），导线要尽量成对使用，用一根中性或公共导线与一根热线或信号线相配对。

3）将交流线和高能量快速断路器的直流线与低能量的信号线隔开。

4）针对闪电式浪涌，安装合适的浪涌抑制设备。

5）外部电源不要与 DC 输出点并联用作输出负载，因其可能导致反向电流冲击输出，除非在安装时使用二极管或其他隔离栅。

（2）隔离电路时的接地与电路参考点

使用隔离电路时的接地与电路参考点应遵循以下几点原则：

1）为每一个安装电路选一个合适的参考点（0V）。

2）隔离元件用于防止安装中不期望的电流产生。应考虑哪些地方有隔离元件，哪些地方没有，同时考虑相关电源之间的隔离及其他设备的隔离等。

3）选择一个接地参考点。

4）在现场接地时，一定要注意接地的安全性，且要正确地操作隔离保护设备。

2. 接线

以图 1.3.10 所示的输入电源是交流电，输入信号是 24V 直流电，输出是继电器型的 CPU1214C AC/DC/RLY（订货号为 6ES7214－BG40－0XB0）为例说明各接线部分。

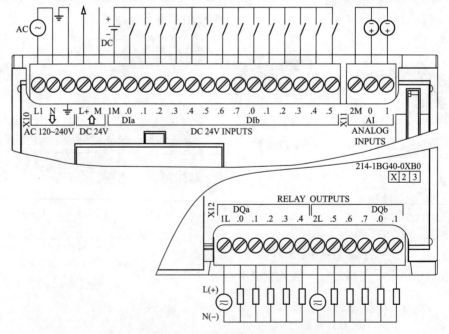

图 1.3.10　CPU1214C AC/DC/RLY 接线图

（1）工作电源接线

如图 1.3.11 所示，虚线框内接工作电源，电压允许范围是 $120\sim240V$ 交流电，其中 L1 接相线、N 接零、⏚ 接地线。

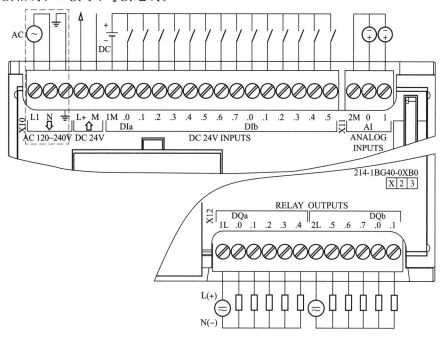

图 1.3.11　工作电源接线

（2）输出电压接线

如图 1.3.12 所示，虚线框内为向外输出电压 24V 直流电源，其中 L＋为正、M 为负，可以为传感器供电。

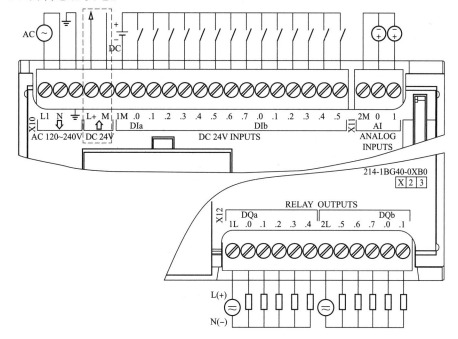

图 1.3.12　输出电压接线

（3）输入端子接线

如图 1.3.13 所示，虚线框内为输入继电器（I）的接线端子，地址编号为八进制，编号为 I0.0～I1.5，1M 为公共端。

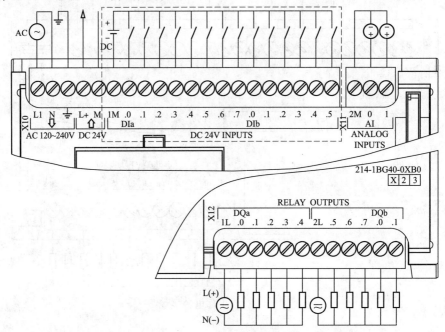

图 1.3.13　输入端子接线

（4）输出端子接线

如图 1.3.14 所示，虚线框内为输出继电器（Q）接线端子，输出端共有 10 个端子，

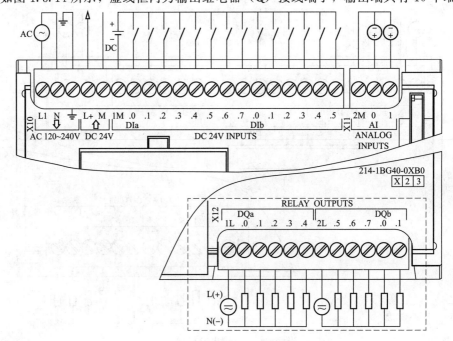

图 1.3.14　输出端子接线

地址编号也采用八进制，编号为 Q0.0～Q1.1，1L、2L 为公共端。输出端子共分为 2 组。根据负载性质不同，输出回路电源支持交流和直流电。

其他型号 S7－1200 系列 PLC 的 CPU 请读者参阅相关的 CPU 使用手册。

思 考 与 练 习

1. 使用 S7－1200 PLC 存储卡应注意什么？

2. S7－1200 PLC 现场安装接线规则是什么？

3. 使用隔离电路时的接地与电路参考点应遵循的原则是什么？

任务 1.4 S7－1200 系列 PLC 数据类型

 学习目标

1. 知道 PLC 基本数据类型。

2. 知道 PLC 数据寻址方式。

1.4.1 数制

数制也称计数制，是用一组固定的符号和统一的规则来表示数值的方法。任何一种数制都包含两个基本要素，即基数和位权。PLC 中常用的数制有十进制（逢十进一）、二进制（逢二进一）、八进制（逢八进一）、十六进制（逢十六进一）等。此外还有 BCD 码和 ASCII 码也偶尔使用。

由于二进制运算简单，电路简单可靠、逻辑性强，所以在 PLC 中采用二进制。

PLC 编程时，不管输入的是什么数制，PLC 必须把输入的数换算成 PLC 能够接收的二进制数。换算过程完全由计算机自动完成。

常用的数制表示方法及对应的二进制数见表 1.4.1。

表 1.4.1 常用的数制与二进制对应表

十进制	二进制	八进制	十六进制
0	0000	0	0
1	0001	1	1
2	0010	2	2
3	0011	3	3

十进制	二进制	八进制	十六进制
4	0100	4	4
5	0101	5	5
6	0110	6	6
7	0111	7	7
8	1000	10	8
9	1001	11	9
10	1010	12	A
11	1011	13	B
12	1100	14	C
13	1101	15	D
14	1110	16	E
15	1111	17	F

1.4.2　数据类型

数据类型用来描述数据的长度和属性，即用于指定数据元素的大小及如何解释数据。每个指令至少支持一种数据类型，部分指令支持多种数据类型，因此指令上使用的操作数的数据类型必须和指令所支持的数据类型一致。在建立变量的过程中需要对建立的变量分配相应的数据类型。

1. 基本数据类型

基本数据类型包括位、字节、字、双字、整数、浮点数、日期和时间。此外，字符（String 和 Char 数据类型、WString 和 WChar 数据类型）也属于基本数据类型。

（1）位、字节、字和双字

位为 Bool，字节为 Byte，字为 Word，双字为 DWord，见表 1.4.2。

表 1.4.2　位、字节、字和双字

数据类型	大小/位	数值类型	数值范围	常数示例	地址示例
Bool	1	布尔运算	FALSE 或 TRUE	TRUE	I1.0 Q0.1 M50.7 DB1. DBX2.3 Tag _ name
		二进制	2#0 或 2#1	2#0	
		无符号整数	0 或 1	1	
		八进制	8#0 或 8#1	8#1	
		十六进制	16#0 或 16#1	16#1	

续表

数据类型	大小/位	数值类型	数值范围	常数示例	地址示例
Byte	8	二进制	2♯0～2♯1111＿1111	2♯1000＿1001	IB2 MB10 DB1.DBB4 Tag＿name
		无符号整数	0～255	15	
		有符号整数	−128～127	−63	
		八进制	8♯0～8♯377	8♯17	
		十六进制	B♯16♯0～B♯16♯FF、16♯0～16♯FF	B♯16♯F、16♯F	
Word	16	二进制	2♯0～2♯1111＿1111＿1111＿1111	2♯1101＿0010＿1001＿0110	MW10 DB1.DBW2 Tag＿name
		无符号整数	0～65535	61680	
		有符号整数	−32768～32767	72	
		八进制	8♯0～8♯177＿777	8♯170＿362	MW10 DB1.DBW2 Tag＿name
		十六进制	W♯16♯0～W♯16♯FFFF、16♯0～16♯FFFF	W♯16♯F1C0、16♯A67B	
DWord	32	二进制	2♯0～2♯1111＿1111＿1111＿1111＿1111＿1111＿1111＿1111	2♯1101＿0100＿1111＿1110＿1000＿1100	MD10 DB1.DBD8 Tag＿name
		无符号整数	0～4＿294＿967＿295	15＿793＿935	
		有符号整数	−2＿147＿483＿648～2＿147＿483＿647	−400000	
		八进制	8♯0～8♯37＿777＿777＿777	8♯74＿177＿417	
		十六进制	DW♯16♯0000＿0000～DW♯16♯FFFF＿FFFF、16♯0000＿0000～16♯FFFF＿FFFF	DW♯16♯20＿F30A、16♯B＿01F6	

（2）整数数据类型

S7－1200 系列 PLC 整数数据类型有 6 种，USInt、UInt、UDInt 是无符号数，SInt、Int、DInt 是有符号数，它们的数值范围有所不同，见表 1.4.3。

表 1.4.3　整数数据类型

数据类型	大小/位	数值范围	常数示例	地址示例
USInt	8	0～255	78、2#01001110	MB0 DB1.DBB4
SInt	8	−128～127	+50、16#50	Tag_name
UInt	16	0～65535	65295、0	MW2 DB1.DBW2
Int	16	−32768～32767	30000、+30000	Tag_name
UDInt	32	0～4294967295	4042322160	MD6 DB1.DBD8
DInt	32	−2147483648～2147483647	−2131754992	Tag_name

（3）浮点数数据类型

浮点数又叫实数，在 S7－1200 系列 PLC 中，浮点数以 32 位单精度数（Real）或 64 位双精度数（LReal）表示，见表 1.4.4。

表 1.4.4　浮点数数据类型

数据类型	大小/位	数值范围	常数示例	地址示例
Real	32	−3.402823e+38～−1.175495e−38、±0、+1.175495e−38～+3.402823e+38	123.456、−3.4、1.0e−5	MD100 DB1.DBD8 Tag_name
LReal	64	−1.7976931348623158e+308～−2.2250738585072014e−308、±0、+2.2250738585072014e−308～+1.7976931348623158e+308	12345.123456789e40、1.2E+40	DB_name.var_name 规则： • 不支持直接寻址 • 可在 OB、FB 或 FC 块接口数组中进行分配

（4）时间和日期数据类型

时间和日期数据类型包括 Time、Date、Time_of_Day 这三种，见表 1.4.5。

表 1.4.5　时间和日期数据类型

数据类型	大小/位	范围	常量输入示例
Time	32	T＃－24d＿20h＿31m＿23s＿648～ T＃24d＿20h＿31m＿23s＿647ms 存储形式：－2147483648～ ＋2147483647ms	T＃5m＿30s T＃1d＿2h＿15m＿30s＿45ms TIME＃10d20h30m20s630ms 500h10000ms 10d20h30m20s630ms
Date	16	D＃1990－1－1～D＃2168－12－31	D＃2009－12－31 DATE＃2009－12－31 2009－12－31
Time＿of＿Day	32	TOD＃0：0：0.0～TOD＃ 23：59：59.999	TOD＃10：20：30.400 TIME＿OF＿DAY＃10：20：30.400 23：10：1

　　Time 数据作为有符号双整数存储，基本单位为毫秒。可以选择性使用日（d）、时（h）、分（m）、秒（s）和毫秒（ms）作为单位。

　　Date 数据作为无符号整数值存储，用于获取指定日期。

　　TOD（Time＿of＿Day）数据作为无符号双整数值存储，为自指定日期的凌晨算起的毫秒数。

　　2. 复杂数据类型

　　复杂数据类型是由基本数据类型组成的。不能将任何常量用作复杂数据类型的实际参数（简称实参），也不能将任何绝对地址作为实参传送给复杂数据类型。

　　（1）DTL 数据类型

　　DTL 数据类型是一种 12 字节的结构，在预定义的结构中保存日期和时间信息，包括年、月、日、星期、时、分、秒和毫秒，其长度为 12B。可以在全局数据块或块的接口区中定义 DTL 变量。DTL（日期和时间）数据结构见表 1.4.6。

表 1.4.6　DTL 数据结构

数据	字节数	取值范围	数据	字节数	取值范围
年	2	1960～2554	时	1	0～23
月	1	1～12	分	1	0～59
日	1	1～31	秒	1	0～59
星期	1	1～7	毫秒	4	0～999

　　（2）字符数据类型

　　字符数据类型包括 String 和 Char、WString 和 WChar。

　　Char 数据类型为字符，将单个字符存储为 ASCII 码形式，每个字符占用的空间为 1 字节。

WChar 数据类型称为宽字符，占用 2 字节的内存。它将单个字符保存为 UFT - 16 的编码形式。

WString 数据类型称为宽字符串，用于在一个字符串中存储多个数据类型为 Wchar 的 Unicode 字符。如果未指定长度，则字符串的长度为预置的 254 个字。

（3）Array 数据类型

数组（Array）是由相同数据类型的固定个数的多个元素组成的。S7 - 1200 PLC 只能生成一维数组，数组元素的数据类型可以是所有的基本数据类型。在用户程序中，可以创建包含多个基本类型元素的数组。数组可以在组织块（OB）、功能块（FC）、功能块（FB）和数据块（DB）的块接口编辑器中创建，但不能在 PLC 变量编辑器中创建。

S7 - 1200 PLC 支持的数组格式是 Array lo..hi。Lo..hi 是在程序中用的数组元素，lo 是数组的起始（最低）下标，hi 是数组的结束（最高）下标。例如，0..9 表示有 10 个元素，第 1 个元素的地址是 0（最低），最后 1 个元素的地址是 9（最高）。

（4）Struct 数据类型

Struct 是由固定个数的元素组成的结构，其元素可以具有不同的数据类型。不同的结构元素可具有不同的数据类型。不能在 Struct 变量中嵌套结构。Struct 变量始终以具有偶地址的一个字节开始，并占用直到下一个字节限制的内存。其可应用于所有数据类型的值范围。

对于一个具体的结构而言，其元素的数量是固定的，这一点与数组相同，但该结构体中各元素的数据类型可以不同，这是结构体与数组的重要区别。PLC 变量表只能定义基本数据类型的变量，不能定义复杂数据类型的变量，但可以在代码块的接口区或全局数据块中定义复杂数据类型的变量。

3. 系统数据类型

系统数据类型（SDT）由固定个数的元素组成，具有不能更改的不同的数据结构，只能用于特定的指令。系统数据类型见表 1.4.7。

表 1.4.7　系统数据类型

系统数据类型	字节数	用途
IEC _ Timer	16	用于定时器指令结构的定时结构
IEC _ SCounter	3	用于数据类型为 SInt 的计数器指令的计数器结构
IEC _ USounter	3	用于数据类型为 USInt 的计数器指令的计数器结构
IEC _ UCounter	6	用于数据类型为 UInt 的计数器指令的计数器结构
IEC _ Counter	6	用于数据类型为 Int 的计数器指令的计数器结构
IEC _ DCounter	12	用于数据类型为 DInt 的计数器指令的计数器结构
IEC _ UDCounter	12	用于数据类型为 UDInt 的计数器指令的计数器结构
ErrorStruct	28	编程 I/O 访问错误的错误信息结构，用于 GET _ ERROR
CONDITIONS	52	定义启动和结束数据接收条件，用于 RCV _ GFG 指令

系统数据类型	字节数	用途
TCON _ Param	64	用于指定存放 PROFINET 开放通信连接描述的数据块的结构
Void	—	该数据类没有数值，用于输出不需要返回值的场所

4. 硬件数据类型

硬件数据类型由 CPU 提供，可用硬件数据类型取决于 CPU 类型。根据硬件配置中设置的模块，存储特定硬件数据类型的常量。在用户程序中插入控制或激活模块的指令时，将使用硬件数据类型参数作为指令的参数。硬件数据类型见表 1.4.8。

表 1.4.8　硬件数据类型

硬件数据类型	基本数据类型	用途
HW _ ANY	Word	用于识别任意的硬件部件，如模块
HW _ IO	HW _ ANY	用于识别 I/O 部件
HW _ SUBMODULE	HW _ IO	用于识别重要的硬件部件
HW _ INTERFACE	HW _ SUBMODULE	用于识别接口部件
HW _ HSC	HW _ SUBMODULE	用于识别高速计数器，如用于 CTRL _ HSC 指令
HW _ PWM	HW _ SUBMODULE	用于识别脉冲宽度调制，如用于 CTRL _ PWM 指令
HW _ PTO	HW _ SUBMODULE	用于运动控制识别脉冲传感器
AOM _ IDENT	DWord	用于识别 AS 运动系统中的对象
EVENT _ ANY	AOM _ IDENT	用于识别任意的事件
EVENT _ ATT	EVENT _ ANY	用于识别可以动态地指定给一个 OB 的事件，如用于 ATTCH 和 DETACH
EVENT _ HWINT	EVENT _ ATT	用于识别硬件中断事件
OB _ ANY	Int	用于识别任意的 OB
OB _ DELAY	OB _ ANY	出现时延中断时，用于识别 OB 调用，如用于 SRT _ DINT 和 CAN _ DINT 指令
OB _ CYCLIY	OB _ ANY	出现循环中断时，用于识别 OB 调用
OB _ ATT	OB _ ANY	用于识别可以动态地指定给一个 OB 的事件，如用于 SRT _ DINT 和 CAN _ DINT
OB _ PCYCLE	OB _ ANY	用于识别可以指定给循环事件级别的事件 OB
OB _ HWINT	OB _ ANY	出现硬件中断时，用于识别调用的 OB
OB _ DLAG	OB _ ANY	出现诊断错误中断时，用于识别调用的 OB
OB _ TIMEERROR	OB _ ANY	出现时间错误时，用于识别调用的 OB
OB _ STARTUP	OB _ ANY	出现启动事件时，用于识别调用的 OB

续表

硬件数据类型	基本数据类型	用途
PORT	UInt	用于识别通信接口，用于点对点通信
CONN _ ANY	Word	用于识别任意的连接
CONN _ OUC	CONN _ ANY	用于识别 PROFINET 开放通信的连接

5. 参数数据类型

在向 FB 和 FC 的形式参数（简称形参）提供数据时，数据可以是基本数据类型、复杂数据类型、系统数据类型和硬件数据类型，除此之外还可以使用参数类型。有两个参数类型可供使用，即 Variant 和 Void。Variant 数据类型的参数是指向可变的变量或参数类型的指针，Variant 可以识别结构并指向它们，还可以指向结构变量的单个元件。在存储区中 Variant 参数类型变量不占用任何空间。

1.4.3 数据寻址方式

西门子 S7－1200 系列 CPU 中可以按照位、字节、字和双字对存储单元进行寻址，均为直接变量。

根据 IEC61131－3 标准，直接变量由百分数符号"％"开始，随后是位置前缀符号。如果有分级，则用整数表示分级，并用由小数点符号"."分隔的无符号整数表示直接变量。

如％I3.2，首位字母表示存储器的标识符，"I"表示输入过程映像区，如图 1.4.1 所示。

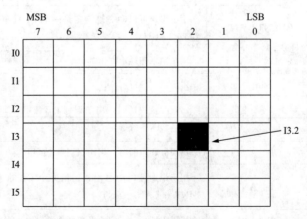

图 1.4.1　位寻址举例

对字节的寻址，如 MB2，其中的区域标识符"M"表示位存储区，"2"表示寻址单元的起始字节地址为 2，"B"表示寻址长度为 1 字节，即寻址位存储区第 2 个字节，如图 1.4.2 所示。

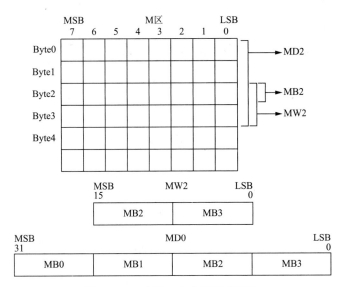

图 1.4.2　字节、字和双字节寻址

对字的寻址，如 MW2，其中的区域标识符"M"表示位存储区，"2"表示寻址单元的起始字节地址为 2，"W"表示寻址长度为 1 个字（2 字节），也就是寻址位存储区第 2 个字节开始的一个字，即字节 2 和字节 3，如图 1.4.2 所示。

对双字的寻址，如 MD0，其中的区域标识符"M"表示位存储区，"0"表示寻址单元的起始字节地址为 0，"D"表示寻址长度为 1 个双字（2 个字 4 字节），也就是寻址位存储区第 0 个字节开始的一个双字，即字节 0、字节 1、字节 2 和字节 3，如图 1.4.2 所示。

注意：输入字节 MB200 由 M200.0～M200.7 这 8 位组成。MW200 表示由 MB200 和 MB201 组成的 1 个字。MD200 表示由 MB200～MB203 组成的双字。可以看出，M200.2、MB200、MW200 和 MD200 等地址有重叠现象，在使用时一定注意，以免引起错误。

另外，需要注意 PLC 中"高地址、低字节"的规律，如果将 16♯12 送入 MB200，将 16♯34 送入 MB201，则 MW20＝16♯1234。

思 考 与 练 习

1. S7－1200 系列 PLC 基本数据有哪些？
2. S7－1200 系列 PLC 系统数据有哪些？
3. MB、MD10、MW40 分别代表什么？

任务 1.5　TIA Portal 编程软件安装与初步使用

TIA Portal 是业内首个采用统一的工程组态和软件项目环境的自动化软件，几乎适用于所有自动化任务。借助该全新的工程技术软件平台，用户能够快速、直观地开发和调试自动化系统。

1.5.1　TIA Portal 软件安装

以 TIA Portal 软件的 V18 版本为例介绍安装过程。其安装过程主要分三大部分，软件安装的具体步骤如下。

注意： 在安装前，先关闭所有杀毒软件，否则该软件可能会被杀毒软件误杀，导致无法安装运行。

1. TIA _ Portal _ STEP7 _ Prof _ Safety _ WINCC _ Adv _ V18 安装

1）双击打开 TIA _ Portal _ STEP7 _ Prof _ Safety _ WINCC _ Adv _ V18 安装文件夹，选中"解除重启提示批处理 . bat"，右键选择"以管理员身份运行"，如图 1.5.1 所示。

图 1.5.1　选中"解除重启提示批处理"

2）右击 TIA _ Portal _ STEP7 _ Prof _ Safety _ WINCC _ Adv _ Unified _ V18 文件，单击"装载"，如图 1.5.2 所示。

3）右击"Start. exe"，选择"以管理员身份运行"，如图 1.5.3 所示。

4）出现如图 1.5.4 所示的界面后，选择语言"简体中文"，单击"下一步"按钮。

5）选择安装路径，单击"下一步"按钮，如图 1.5.5 所示。

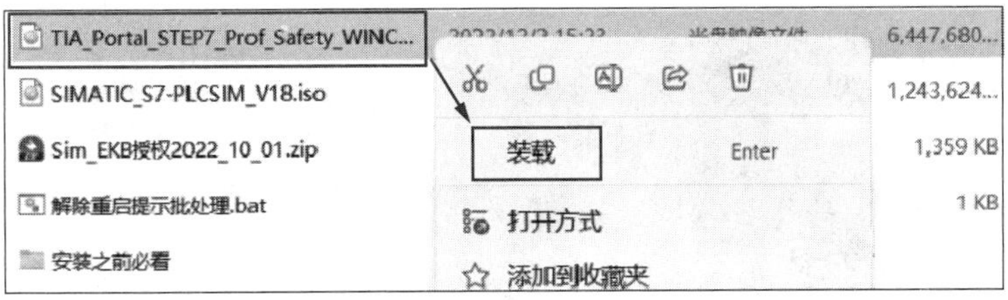

图 1.5.2 安装 TIA _ Portal _ STEP7 _ Prof _ Safety _
WINCC _ Adv _ Unified _ V18

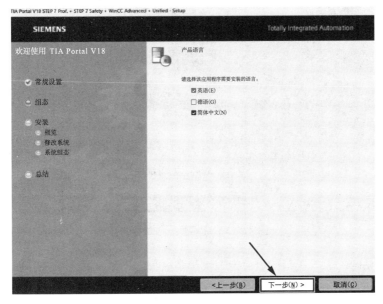

图 1.5.3 选择"以管理员身份运行"

图 1.5.4 选择安装语言

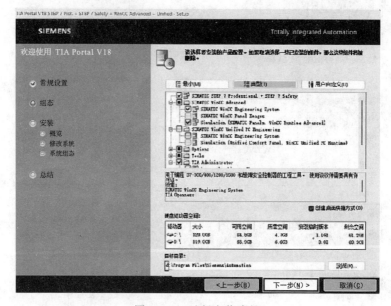

图 1.5.5　选择安装路径

6）出现如图 1.5.6 所示的界面后，勾选两个同意条款，单击"下一步"按钮。

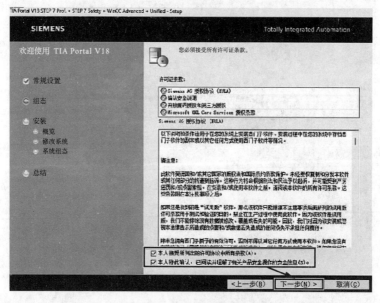

图 1.5.6　选择两个同意条款

7）出现如图 1.5.7 所示的界面后，继续勾选同意条款，单击"下一步"按钮。

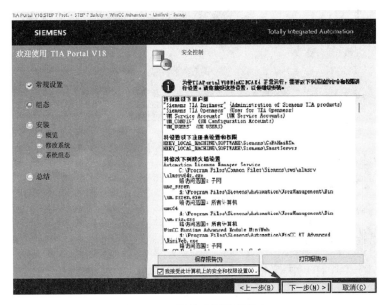

图 1.5.7 继续选择同意条款

8) 出现如图 1.5.8 所示的界面后,单击"安装"按钮,然后等待安装。

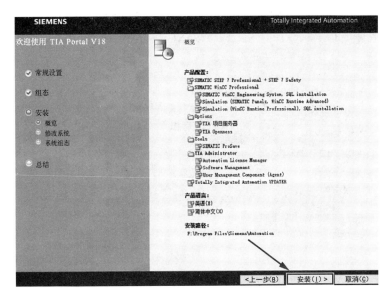

图 1.5.8 单击"安装"按钮,等待安装

9) 出现如图 1.5.9 所示的界面后,选择"否,稍后重启计算机",单击"关闭"按钮。

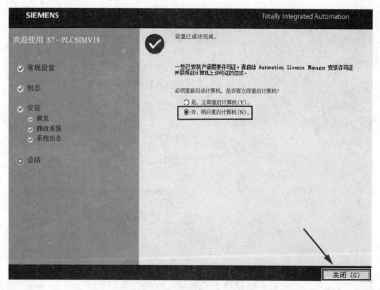

图 1.5.9 关闭页面

2. SIMATIC_S7-PLCSIM_V18 文件安装

选中"SIMATIC_S7-PLCSIM_V18.iso"，右键选择"装载"，安装过程和方法与 TIA_Portal_STEP7_Prof_Safety_WINCC_Adv_V18 相同，安装进入界面如图 1.5.10 所示。

图 1.5.10 SIMATIC_S7-PLCSIM_V18 安装进入界面

3. 授权工具安装

1）右击"3. 授权工具"文件夹，选择"Sim_EKB_Install_2022_11_27"，右键选择"以管理员身份运行"，如图 1.5.11 所示。

2）双击选择"TIA Portal"下面的"TIA Portal V18"，点选"工作地的单一授权"，按图 1.5.12 所示勾选标注（全选），最后单击"安装长密钥"按钮，出现蓝色提示，单击右上角的"关闭"按钮，如图 1.5.12 所示。

图 1.5.11 安装授权工具

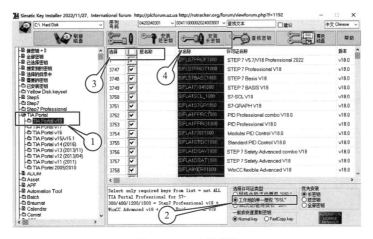

图 1.5.12 安装授权

所有安装完成后，在计算机桌面上会出现如图 1.5.13 所示的图标。

图 1.5.13 完成所有安装后的桌面图标

1.5.2 TIA Portal 软件的初步使用

以图 1.5.14 所示的三相异步电动机正转控制线路为例，介绍 TIA Portal 软件的初步使用。

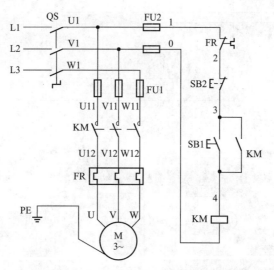

图 1.5.14　三相异步电动机正转控制线路

1. 工程项目创建

1）双击计算机桌面上的 TIA Portal V18 图标，打开后出现如图 1.5.15 所示的界面，单击"创建新项目"。

图 1.5.15　单击"创建新项目"

2）出现如图 1.5.16 所示的界面后，在右边的"项目名称"文本框中输入新的项目名称，在"路径"下拉列表中选择保存路径，然后单击"创建"按钮。

3）出现如图 1.5.17 所示的界面后，单击"创建 PLC 程序"。

4）出现如图 1.5.18 所示的界面后，在"设备"下拉列表右边单击"单击此处添加新设备"按钮，弹出"添加新设备"窗口，在窗口中选择工程项目所需的 PLC 型号和订货号，然后单击"确定"按钮。本示例选用 CPU1214C DC/DC/RLY，如图 1.5.19 所示。

5）单击"项目视图"，完成新项目创建，如图 1.5.20 所示。新项目创建完成后的界面如图 1.5.21 所示。

2. 程序编写

1）设置系统和时钟存储器。右击"项目树"的"PLC_1"文件夹，弹出下拉菜单，在菜单中选择"属性"命令，如图 1.5.22 所示。

弹出如图 1.5.23 所示的对话框后，在"常规"选项卡中选择"系统和时钟存储器"，勾选"启用系统存储器字节"和"启用时钟存储器字节"复选框，然后单击"确定"按钮。

图 1.5.16 编写"创建新项目"内容

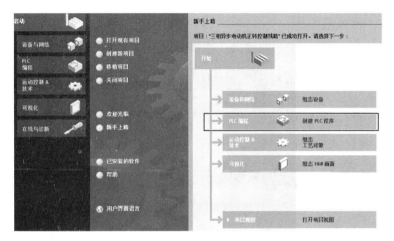

图 1.5.17 创建 PLC 程序界面

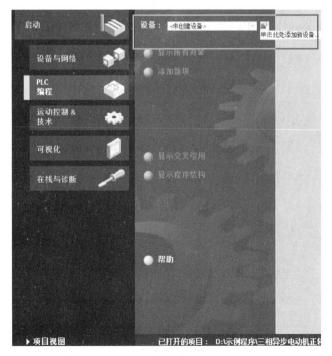

图 1.5.18 组态设备

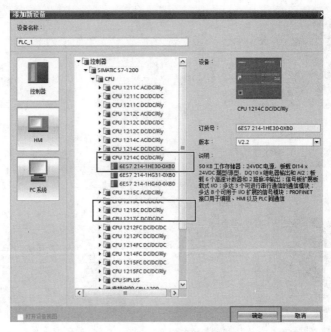

图 1.5.19　添加设备

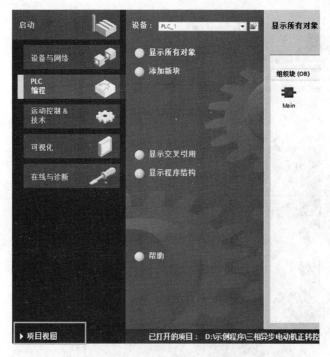

图 1.5.20　完成新项目创建

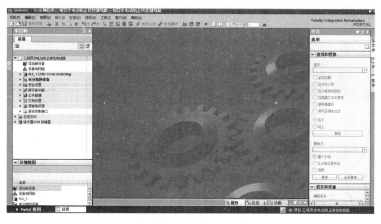

图 1.5.21　新项目创建完成后的界面

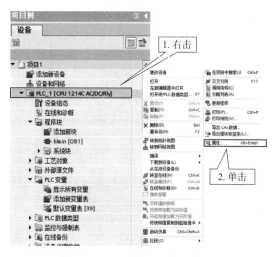

图 1.5.22　选择"属性"命令

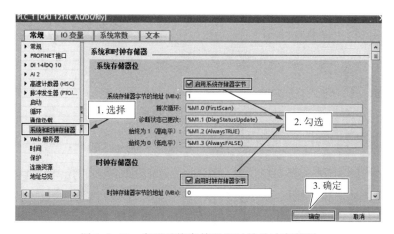

图 1.5.23　启用系统存储器和时钟脉冲存储器

单击展开"PLC1_1"文件夹，再单击展开"PLC变量"文件夹，双击"默认变量表"，查看在默认变量表中是否有如图1.5.24所示的默认时钟脉冲变量及地址和默认存储器变量及地址，不要删除，让其保存在内，以便编程需要时使用。

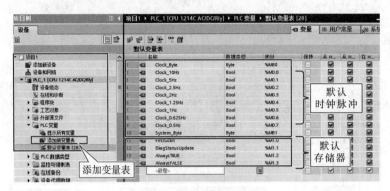

图 1.5.24　默认变量表

2）变量表编写。在如图1.5.24所示的界面中，双击"添加新变量表"可添加新的变量表，根据需要可以修改新添加的变量表名称，然后在变量表中编写变量。

在变量表中对变量进行定义。单击"名称"列，输入变量符号名称，如"启动按钮"，按Enter键确认；在"数据类型"列选择如"Bool"型；在"地址"列输入地址如"I0.0"，按Enter键确认。可以在"注释"列根据需要输入注释。编写完成的变量表如图1.5.25所示。

图 1.5.25　编写完成的变量表示例

注意事项：

① PLC变量表每次输入后系统都会执行语法检查，并且找到的任何错误都将以红色显示，可以继续编辑进行更正。但是如果变量声明包含语法错误，将无法编译程序。

② PLC默认的时钟脉冲和存储器分配的地址不得修改和占用，只能按照表1.5.1和表1.5.2中描述的功能使用。

3）程序编写。在如图1.5.21所示的界面中，单击展开"PLC_1"文件夹，再单击展开"程序块"文件夹，双击"Main［OB1］"，在右侧"Main"梯形图编辑窗口编写程序，如图1.5.26所示。本示例编写完成的梯形图程序如图1.5.27所示。

表 1.5.1　默认的时钟脉冲功能

时钟地址	功能描述	使用方法
M0.0	PLC 上电即按照 10Hz 频率（定时 0.1s）不停输出	
M0.1	PLC 上电即按照 5Hz 频率（定时 0.2s）不停输出	
M0.2	PLC 上电即按照 2.5Hz 频率（定时 0.4s）不停输出	
M0.3	PLC 上电即按照 2Hz 频率（定时 0.5s）不停输出	
M0.4	PLC 上电即按照 1.25Hz 频率（定时 0.8s）不停输出	程序中只使用触点
M0.5	PLC 上电即按照 1Hz 频率（定时 1s）不停输出	
M0.6	PLC 上电即按照 0.625Hz 频率（定时 1.6s）不停输出	
M0.7	PLC 上电即按照 0.5Hz 频率（定时 2s）不停输出	

表 1.5.2　默认的存储器功能

时钟地址	功能描述	使用方法
M1.0	PLC 的一个扫描周期为 1，其他时候为 0，PLC 上电时只接通一次	
M1.1	在 CPU 记录了诊断事件后的一个扫描周期内设置为 1	程序中只使用触点
M1.2	M1.2 的状态始终为 1，它的常开触点始终闭合	
M1.3	M1.3 的状态始终为 0，它的常开触点始终断开	

图 1.5.26　梯形图编辑窗口

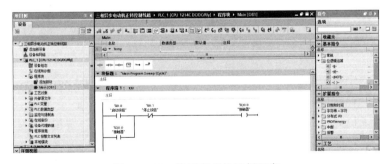

图 1.5.27　编写完成的示例程序

3. 下载程序

程序编写完成后，下载到 PLC 中。下载步骤按图 1.5.28 中所示的序号，按图 1.5.29 中所示的序号顺序执行。

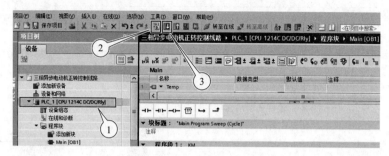

图 1.5.28　程序下载步骤

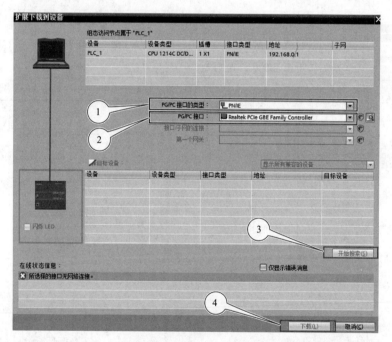

图 1.5.29　程序下载顺序

程序下载顺序：选中 PLC→编译图标→单击下载→选择接口类型→选择网卡→开始搜索→下载。观察图 1.5.30 所示的框内是否显示"全部停止"，如果不是，则单击下拉箭头，在下拉列表中选择"全部停止"，然后单击"下载"按钮，下载完成界面如图 1.5.31 所示。

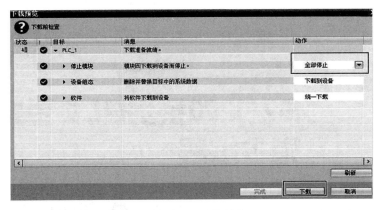

图 1.5.30　下载预览

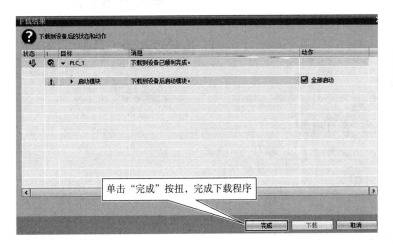

图 1.5.31　下载完成

思 考 与 练 习

1. 独立完成 TIA Portal 软件的安装。
2. 练习 TIA Portal 软件的使用。

项目 ② S7-1200系列PLC基本指令编程

S7-1200 系列 PLC 的基本指令包括位逻辑指令、定时器、计数器、比较指令、数学运算指令、移动指令、转换指令、程序控制指令、逻辑运算指令及移位和循环指令等。

任务 2.1 位逻辑指令应用

 学习目标

1. 知道 PLC 编程设计的基本原则和步骤。
2. 知道常用的位逻辑指令。
3. 会 PLC 与输入部件、控制部件的接线。
4. 会 PLC 编程设计。

2.1.1 常用的位逻辑指令

位逻辑指令是 PLC 中最基本的指令，在触点和线圈中，用二进制数 1 表示激活（接通）状态，0 表示未激活（断开）状态。二进制数 1 和 0 两个数字称为字或位。常用的位逻辑指令见表 2.1.1。

表 2.1.1 常用位逻辑指令

符号	功能	符号	功能
—┤ ├—	常开触点	—┤P├—	上升沿检测触点
—┤/├—	常闭触点	—┤N├—	下降沿检测触点
—( )—	线圈	—(P)—	上升沿检测线圈
—(/)—	反向线圈	—(N)—	下降沿检测线圈
—(S)—	置位线圈	—┤NOT├—	取反
—(R)—	复位线圈	—(RESET_BF)—	复位区域（成批复位）

2.1.2　PLC 程序设计的基本原则和步骤

1. PLC 程序设计的原则

PLC 是由继电接触器控制发展而来的，但是与之相比，PLC 的编程应该遵循以下基本原则：

1）外部输入/输出、内部继电器（位存储器）等器件的触点可多次重复使用。

2）梯形图每一行都是从左侧母线开始。

3）线圈不能直接与左侧母线相连。

4）梯形图程序必须符合顺序执行的原则，即从左到右、从上到下地执行。不符合顺序执行原则的电路不能直接编程。

5）应尽量避免双线圈输出。使用线圈输出指令时，同一编号的线圈指令在同一程序中使用两次以上，称为双线圈输出。双线圈输出容易引起误动作或逻辑混乱，因此使用时一定要慎重。

2. PLC 程序设计的一般步骤

1）详细分析实际生产的工艺流程、工作特点及控制系统的控制任务、控制过程、控制特点、控制功能，明确输入、输出量的性质，充分了解被控制对象的控制要求。

2）绘制 PLC 的 I/O 接线图和 I/O 分配表。

3）根据 PLC I/O 接线图或 I/O 分配表完成 PLC 与外接输入元件和输出元件的接线。

4）根据控制要求，用编程软件编写程序，并将编写好的 PLC 程序从计算机传送到 PLC。

5）执行程序，将程序调试到满足任务的控制要求。

2.1.3　编程实例

以图 2.1.1 所示的三相异步电动机正反转控制线路为例，介绍位逻辑指令编程应用。

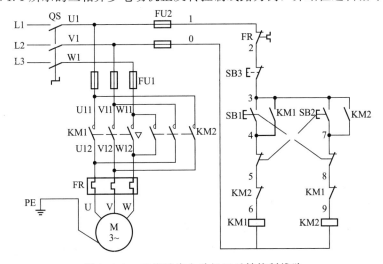

图 2.1.1　三相异步电动机正反转控制线路

1）任务分析。如图 2.1.1 所示，交流接触器 KM1 和 KM2 分别为正反转控制，SB1 为正转启动按钮，SB2 为反转启动按钮，SB3 为停止按钮。根据分析可知，PLC 需要 3 个输入点、2 个输出点。

2）绘制 I/O 地址分配表和 I/O 接线图。I/O 地址分配表见表 2.1.2，I/O 接线图如图 2.1.2 所示。

表 2.1.2　三相异步电动机正反转控制 I/O 地址分配表

输入			输出		
输入元件	输入地址	定义	输出元件	输出地址	定义
SB1	I0.0	正转启动按钮	KM1	Q0.0	正转控制接触器
SB2	I0.1	反转启动按钮	KM2	Q0.1	反转控制接触器
SB3	I0.2	停止按钮			

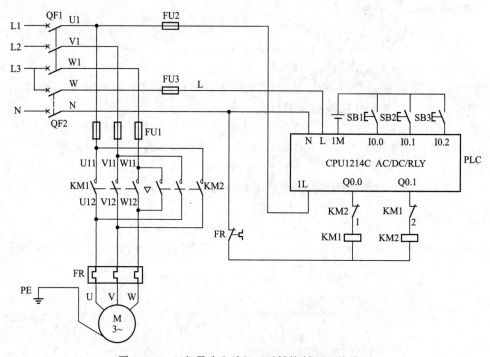

图 2.1.2　三相异步电动机正反转控制 I/O 接线图

注意事项：

① 地址分配表中的输入、输出地址一定要与 I/O 接线图中的地址一致，否则容易造成安装接线、调试错误。

② I/O 接线图中的输入控制元件，不管在继电器控制线路中同一个元件用了多少个触点，在 PLC 中只用一个触点作为输入点；除热继电器过载保护外，都采用常开触点。

③ 绘制 I/O 接线图时，不需要把 PLC 所有的输入、输出点绘制出来，用哪个就绘制哪个。

3) 根据 I/O 接线图完成 PLC 与外接输入元件和输出元件的接线。

4) 根据工艺控制要求编写程序。变量表如图 2.1.3 所示，参考程序如图 2.1.4 所示。

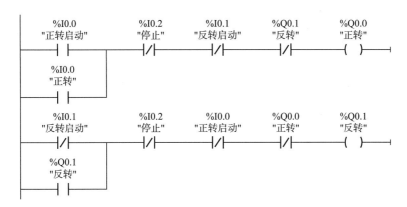

		名称	数据类型	地址	保持	从 H...	从 H...	在 H...	注释
1		正转启动	Bool	%I0.0		✓	✓	✓	SB1
2		反转启动	Bool	%I0.1		✓	✓	✓	SB2
3		停止	Bool	%I0.2		✓	✓	✓	SB3
4		正转	Bool	%Q0.0		✓	✓	✓	KM1
5		反转	Bool	%Q0.1		✓	✓	✓	KM2

图 2.1.3　三相异步电动机正反转控制变量表

图 2.1.4　三相异步电动机正反转控制参考程序

注意事项：

① 初学编程，根据工艺要求，逐个功能去实现，不要急于求成，以免程序中出现过多的错误，修改困难。

② 编程时，外部硬件需要实现联锁功能的，在程序内软元件也应当实现联锁。

③ 变量表中地址一定要与 I/O 接线图中的地址对应，否则会造成程序不能正常运行。

5) 将编写好的程序编译下载到 PLC。

6) 运行调试。

2.1.4　实训操作

（1）实训目的

熟练使用位逻辑指令，根据工艺控制要求掌握 PLC 的编程方法和调试方法，能够使用 PLC 解决实际问题。

（2）实训设备

实训设备包括计算机、S7-1200 系列 PLC、开关板（600mm×600mm）、熔断器、交流接触器、热继电器、组合开关、按钮、导线等。

（3）任务要求

根据图 2.1.5 所示，在规定时间内正确完成 PLC 自动往返控制。

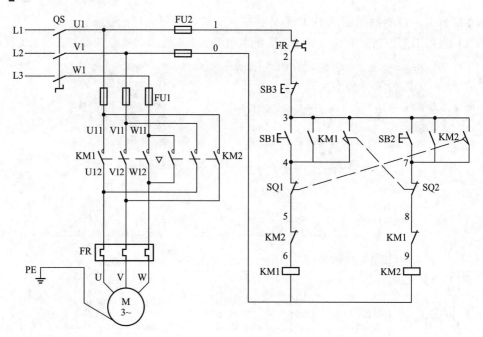

图 2.1.5 自动往返控制线路

（4）注意事项

1）通电前，必须在指导教师的监护和允许下进行。

2）要做到安全操作和文明生产。

（5）评分

评分细则见评分表。

"PLC 自动往返控制实训操作"技能自我评分表

项目	技术要求	配分/分	评分细则	评分记录
工作前准备	清点实训操作所需的设备器件	5	每漏检或错检一件，扣1分	
绘制 I/O 地址分配表和接线图	正确绘制 I/O 地址分配表和接线图	5	地址遗漏，每处扣1分 接线图绘制错误，每处扣1分	
安装接线	按照 PLC 控制 I/O 接线图，正确、规范安装线路	20	线路布置不整齐、不合理，每处扣2分 接线不规范，每根扣0.5分 不按 I/O 接线图接线，每处扣5分 损坏元件，每个扣5分	
程序设计	1. 按照控制要求设计梯形图 2. 将程序熟练写入 PLC 中	40	不能正确达到功能要求，每处扣5分	
			地址与 I/O 分配表和接线图不符，每处扣5分	
			不会将程序写入 PLC 中，扣10分	
			将程序写入 PLC 中不熟练，扣10分	

续表

项目	技术要求	配分/分	评分细则	评分记录
运行调试	正确运行调试	10	不会联机调试程序，扣 10 分 联机调试程序不熟练，扣 5 分 不会监控调试，扣 5 分	
清洁	设备器件、工具摆放整齐，工作台清洁	10	乱摆放设备器件、工具，乱丢杂物，完成任务后不清理工位，扣 10 分	
安全生产	安全着装，按操作规程安全操作	10	没有安全着装，扣 5 分 操作不规范，扣 5 分 出现事故，总分计 0 分	
额定工时 240min	超时，此项从总分中扣分		每超过 5min，扣 3 分	

思 考 与 练 习

1. PLC 设计的步骤一般有哪些？
2. PLC 设计的基本原则是什么？
3. 学习、理解其他位逻辑指令。

任务 2.2　定时器应用

学习目标

1. 知道常用定时器的类型。
2. 知道定时器的使用方法。
3. 会定时器 PLC 编程控制设计。
4. 会 PLC 与输入部件、控制部件的接线。

2.2.1　定时器

定时器相当于继电器-接触器控制线路中的时间继电器，它属于软元件。在 S7－1200 系列 PLC 中提供了四种常用的国际电工委员会（International Electrotechnical Commission，简称 IEC）标准定时器，分别是 TP、TON、TOF、TONR。这四种定时器又都有线圈型和功能框型两种，指令的位置在"项目树"的程序块"Main"中最右边基本指令选项卡内，编程时可以调用，如图 2.2.1 所示。常用的四种定时器见

表 2.2.1。

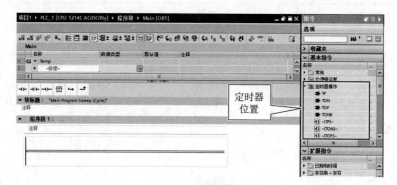

图 2.2.1　定时器指令位置

表 2.2.1　四种常用定时器

定时器类型	功能描述
TP	生成脉冲定时器：脉冲定时器可生成具有预设宽度时间的脉冲
TON	接通延时定时器：接通延时定时器输出 Q，在预设的延时过后设置为 ON
TOF	关断延时定时器：关断延时定时器输出 Q，在预设的延时过后重置为 OFF
TONR	时间累加器：时间累加器输出 Q，在预设的延时过后设置为 ON

1. 定时器的定义

S7 - 1200 系列 PLC 的 IEC 定时器没有直接的定时器号（即没有 T0、T37 这种直接带定时器号的定时器），需要定义。

（1）线圈型定时器定义方法

线圈型定时器定义方法及步骤如图 2.2.2 所示。单击"确定"按钮后，出现如图 2.2.3 所示的界面，不用做任何设置，直接关闭即可。

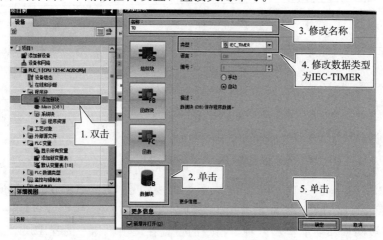

图 2.2.2　线圈型定时器定义方法及步骤

图 2.2.3　直接关闭界面

界面关闭后，会在最左侧"项目树"的"程序块"中出现定义好的定时器程序块，如图 2.2.4 所示。编程时，调用线圈型定时器，链接定义的定时器，预设定时时间值即可。

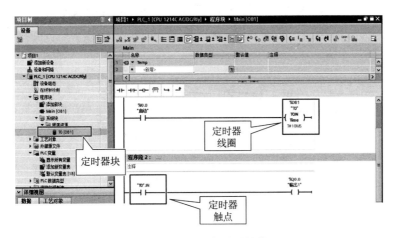

图 2.2.4　线圈型定时器的使用

使用定时器触点时，要链接对应的定时器"IN"数据类型，如图 2.2.4 所示。"ODB1"表示定时器的背景数据块（此处只显示了绝对地址，因此背景数据块地址显示为"％DB1"，也可设置显示符号地址）。

（2）功能框型定时器定义方法

功能框型定时器可以直接把指令拖曳到程序指令位置，弹出如图 2.2.5 所示的"调用选项"对话框，只要修改名称即可。在程序中预设定时时间值，触点使用与线圈型定时器相同，如图 2.2.6 所示。

功能框型定时器中的参数及数据类型见表 2.2.2。

2. 定时器的使用

（1）TP 定时器

如图 2.2.7 所示，当 I0.0 条件满足（触点闭合）时，Q0.0 立即输出，同时开始延时，满足 PT 值（延时 5s）时，Q0.0 停止输出。

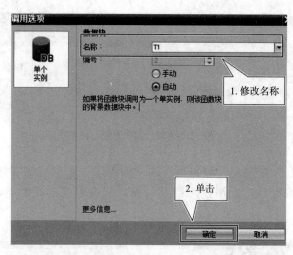

图 2.2.5　功能框型定时器的定义方法及步骤

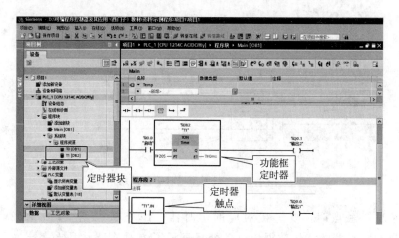

图 2.2.6　功能框型定时器的使用

表 2.2.2　功能框型定时器参数及数据类型

参数	数据类型	说明
IN	Bool	信号输入，启动定时器
PT	Time	预设定时时间值
Q	Bool	定时器输出
ET	Time	经过的时间值（已计时时间）
R	Bool	TONR 定时器复位（置 0）

（2）TON 定时器

如图 2.2.8 所示，当 I0.1 条件满足时，定时器开始延时，当满足 PT 值（延时 5s）时，Q0.1 立即输出。

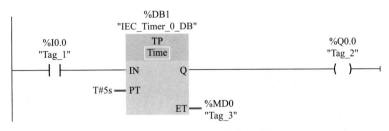

图 2.2.7 TP 定时器指令的使用

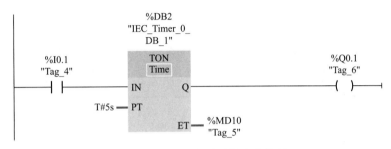

图 2.2.8 TON 定时器指令的使用

（3）TOF 定时器

如图 2.2.9 所示，当 I0.2 条件满足时，Q0.2 立即输出；当 I0.2 条件不满足时，开始延时，满足 PT 值（延时 5s）时，Q0.2 停止输出。

%DB3
"IEC_Timer_0_
DB_2"

图 2.2.9 TOF 定时器指令的使用

（4）TONR 定时器

如图 2.2.10 所示，当 I0.3 条件满足时，定时器开始计时；当 I0.3 条件不满足时，定时器停止计时，保持当前延时值；当 I0.3 条件再次满足时，定时器从保持的当前值累计计时（第一次计的时间不复位），当满足 PT 值（延时 5s）时，Q0.3 输出（满足 PT 值后，断开 I0.3，Q0.3 也保持输出）。当 I0.4 条件满足时，定时器复位（置 0），Q0.3 停止输出。

（5）闪烁控制

闪烁控制应用较多，如交通灯、霓虹灯、彩灯闪烁等。图 2.2.11 所示是闪烁控制程序。

%DB4
"IEC_Timer_0_DB_3"
TONR
Time
%I0.3
"Tag_10"
IN
Q
%Q0.3
"Tag_11"
%I0.4
"Tag_12"
ET
%MD30
"Tag_13"
R
T#10s
PT

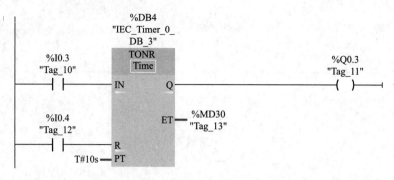

图 2.2.10　TONR 定时器指令的使用

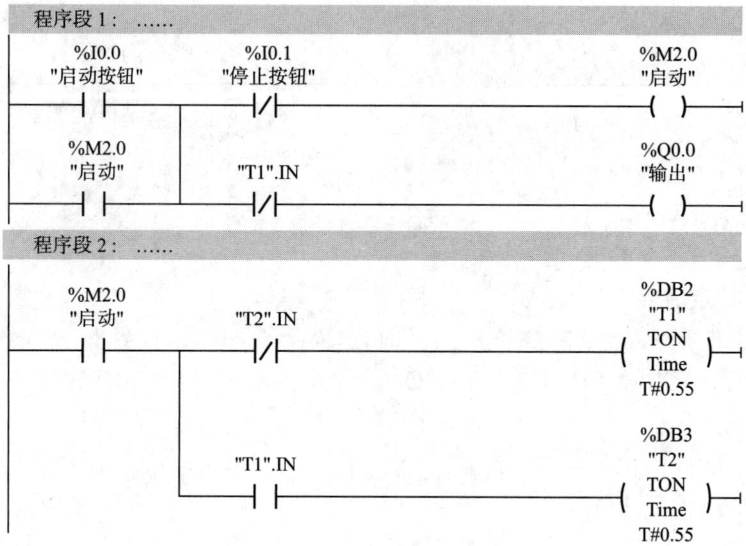

程序段 1：……
%I0.0
"启动按钮"
%I0.1
"停止按钮"
%M2.0
"启动"
%M2.0
"启动"
"T1".IN
%Q0.0
"输出"
程序段 2：……
%M2.0
"启动"
"T2".IN
%DB2
"T1"
TON
Time
T#0.55
%DB3
"T2"
"T1".IN
TON
Time
T#0.55

图 2.2.11　闪烁控制程序

在图 2.2.11 所示的程序中，灯能实现反复闪烁，关键是 T1 的常闭触点作用。按下启动按钮 I0.0，Q0.0 立即输出，同时定时器 T1 被驱动。0.5s 后 T1 常闭触点断开，Q0.0 停止输出，T1 常开触点闭合，T2 被驱动。0.5s 后 T2 常闭触点断开，定时器 T1 失电，T1 常闭触点又复位。此时两个定时器触点都复位，Q0.0 再次输出，如此不断地重复。

程序中的 M2.0 为辅助继电器，PLC 中的辅助继电器相当于继电器-接触器控制线路中的中间继电器，属于软元件。地址编号与输入/输出继电器一样，都为八进制，但辅助继电器只在 PLC 程序中使用，不与外部设备连接。

上述闪烁控制程序比较繁琐，在程序设计时，如需要闪烁控制，可以直接调用编程软件中的时钟脉冲（参见任务 1.5 变量表编写内容）作为闪烁时间，如图 2.2.12 所示。

%I0.0
"启动"
%M0.3
"Clock_2Hz"
%Q0.0
"输出"

图 2.2.12　时钟脉冲使用示例

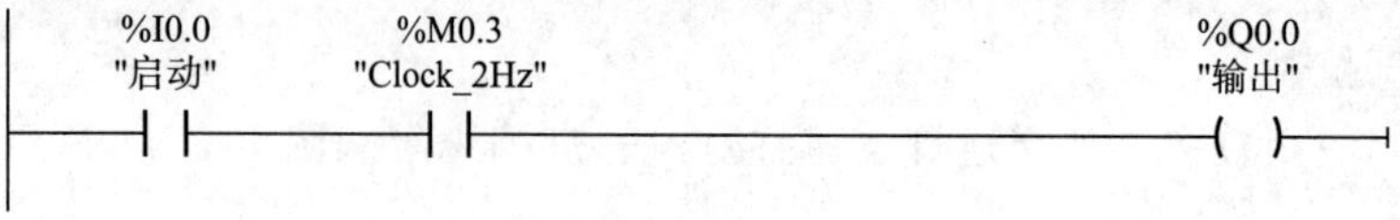

2.2.2　编程实例

图 2.2.13 所示为三相异步电动机延时启停控制线路，下文以此为例介绍定时器指令编程应用。

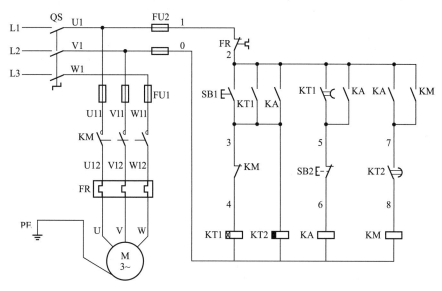

图 2.2.13　三相异步电动机延时启停控制线路

1）任务分析。如图 2.2.13 所示，交流接触器 KM 控制电动机，SB1 为延时启动按钮，SB2 为延时停止按钮，热继电器 FR 为电动机过载保护。根据分析可知，PLC 需要 2 个输入点、1 个输出点。时间继电器 KT1（5s）和 KT2（5s）用 PLC 内部定时器，中间继电器 KA 用 PLC 内部辅助继电器（M）。

2）绘制 I/O 地址分配表和 I/O 接线图。I/O 地址分配表见表 2.2.3，I/O 接线图如图 2.2.14 所示。

表 2.2.3　三相异步电动机延时启停控制 I/O 地址分配表

输入			输出		
输入元件	输入地址	定义	输出元件	输出地址	定义
SB1	I0.0	启动按钮	KM	Q0.0	控制接触器
SB2	I0.1	停止按钮			

3）根据 I/O 接线图完成 PLC 与外接输入元件和输出元件的接线。

4）根据工艺控制要求编写程序。变量表如图 2.2.15 所示，参考程序如图 2.2.16 所示。

5）将编写好的程序编译下载到 PLC。

6）运行调试。

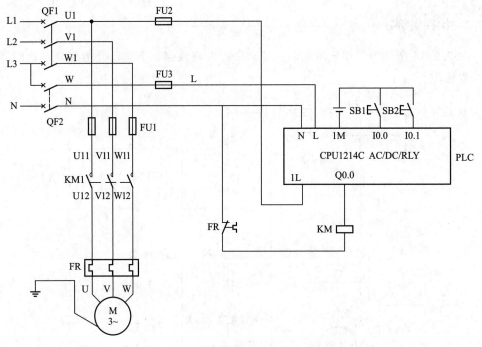

图 2.2.14　三相异步电动机延时启停控制 I/O 接线图

		名称	数据类型	地址	保持	从 H…	从 H…	在 H…	注释
1		启动按钮	Bool	%I0.0	☐	☑	☑	☑	SB1
2		停止按钮	Bool	%I0.1	☐	☑	☑	☑	SB2
3		电机运行	Bool	%Q0.0	☐	☑	☑	☑	KM
4		延时启动	Bool	%M0.0	☐	☑	☑	☑	
5		延时停止	Bool	%M0.1	☐	☑	☑	☑	
6		启动延时时间到达	Bool	%M0.2	☐	☑	☑	☑	
7		停止延时时间到达	Bool	%M0.3	☐	☑	☑	☑	

默认变量表

图 2.2.15　三相异步电动机延时启停控制变量表

2.2.3　实训操作

（1）实训目的

熟练使用定时器指令，根据工艺控制要求，掌握 PLC 的编程方法和调试方法，能够使用 PLC 解决实际问题。

（2）实训设备

实训设备包括计算机、S7-1200 系列 PLC、四节传送带控制实训模块、导线等。

（3）任务要求

根据图 2.2.17 所示，在规定时间内正确完成四节传送带延时启动、延时停止 PLC 控制。工艺控制要求如下：

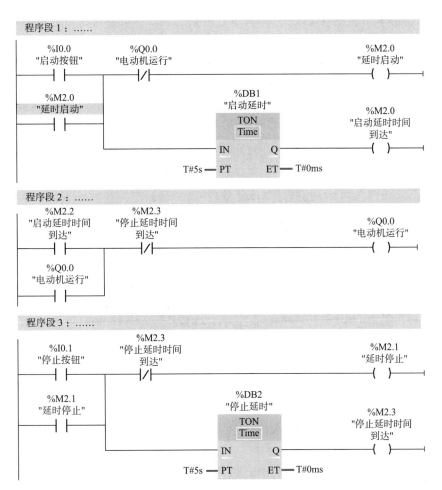

图 2.2.16   三相异步电动机延时启停控制参考程序

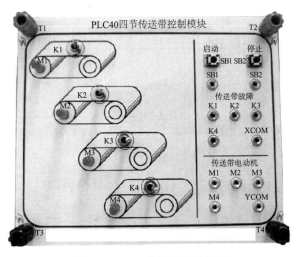

图 2.2.17   四节传送带示意图

1）启动第 1 节传送带后，依次顺序延时启动第 2～4 节传送带，延时时间分别为 6s。

2）停止第 4 节传送带后，依次逆序延时停止第 3～1 节传送带，延时时间分别为 3s。

（4）注意事项

1）通电前，必须在指导教师的监护和允许下进行。

2）要做到安全操作和文明生产。

（5）评分

评分细则见评分表。

"四节传送带延时启停控制实训操作"技能自我评分表

项目	技术要求	配分	评分细则	评分记录
工作前准备	清点实训操作所需的设备器件	5	每漏检或错检一件，扣 1 分	
绘制 I/O 地址分配表和接线图	正确绘制 I/O 地址分配表和接线图	5	地址遗漏，每处扣 1 分 接线图绘制错误，每处扣 1 分	
安装接线	按照 PLC 控制 I/O 接线图，正确、规范安装线路	20	线路布置不整齐、不合理，每处扣 2 分 接线不规范，每根扣 0.5 分 不按 I/O 接线图接线，每处扣 5 分 损坏元件，每个扣 5 分	
程序设计	1. 按照控制要求设计梯形图 2. 将程序熟练写入 PLC 中	40	不能正确达到功能要求，每处扣 5 分 地址与 I/O 分配表和接线图不符，每处扣 5 分 不会将程序写入 PLC 中，扣 10 分 将程序写入 PLC 中不熟练，扣 10 分	
运行调试	正确运行调试	10	不会联机调试程序，扣 10 分 联机调试程序不熟练，扣 5 分 不会监控调试，扣 5 分	
清洁	设备器件、工具摆放整齐，工作台清洁	10	乱摆放设备器件、工具，乱丢杂物，完成任务后不清理工位，扣 10 分	
安全生产	安全着装，按操作规程安全操作	10	没有安全着装，扣 5 分 操作不规范，扣 5 分 出现事故，总分计 0 分	
额定工时 300min	超时，此项从总分中扣分		每超过 5min，扣 3 分	

思 考 与 练 习

1. 常用定时器有哪些种类? 指令分别是什么?
2. 试用置位/复位指令编写如图 2.2.11 所示的闪烁控制程序。
3. 试用功能框定时器 TON 指令编写闪烁控制程序。

任务 2.3　计数器应用

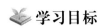 学习目标

1. 知道常用计数器的类型。
2. 知道计数器的使用方法。
3. 会计数器 PLC 编程控制设计。
4. 会 PLC 与输入部件、控制部件的接线。

2.3.1　计数器指令

S7 - 1200 系列 PLC 中提供了 3 种常用的 IEC 标准计数器, 分别是加计数器 CTU、减计数器 CTD、加减计数器 CTUD, 属于软元件。指令的位置如图 2.3.1 所示。

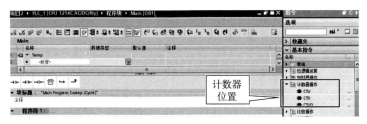

图 2.3.1　计数器指令位置

S7 - 1200 系列 PLC 的 IEC 计数器与定时器一样, 没有直接的计数器号, 需要定义, 定义的方法与功能框定时器相同, 指令如图 2.3.2 所示, 参数及数据类型见表 2.3.1。

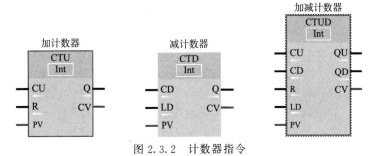

图 2.3.2　计数器指令

表 2.3.1　计数器参数及数据类型

参数	数据类型	说明
CU	Bool	加计数信号输入，通断 1 次加计数 1 个
CD	Bool	减计数信号输入，通断 1 次减计数 1 个
R	Bool	复位（计数器清零）
PV	Int	预设计数值
LD	Bool	装载预设计数值
CV	Int	当前计数值
Q、QU、QD	Bool	计数器输出

2.3.2　计数器的使用

（1）CTU 加计数器

如图 2.3.3 所示，每当计数器 CU 从 0 变为 1，CV 增加 1；当 CV＝PV（计数 5 次）时，Q 输出 1，此后每当 CU 从 0 变为 1，Q 保持输出 1。在任意时刻，只要 R 为 1 时，Q 输出 0，CV 立即停止计数并回到 0。图 2.3.3 中"％DB3"表示计数器的背景数据块。

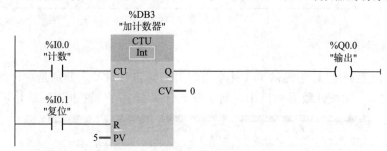

图 2.3.3　CTU 加计数器指令的使用

使用计数器触点时，要链接对应的计数器 QU 数据类型。

（2）CTD 减计数器

如图 2.3.4 所示，每当 CD 从 0 变为 1，CV 减少 1；当 CV＝0 时，Q 输出 1，此后每当 CU 从 0 变为 1，Q 保持输出 1。在任意时刻，只要 LD 为 1 时，Q 输出 0，CV 立即停止计数并回到 PV 值。

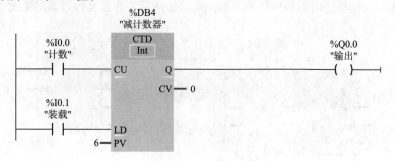

图 2.3.4　CTD 减计数器指令的使用

（3）CTUD 加减计数器

如图 2.3.5 所示，每当 CU 从 0 变为 1，CV 增加 1；当 CV≥PV 时，QU 输出 1，即 Q0.0 输出。

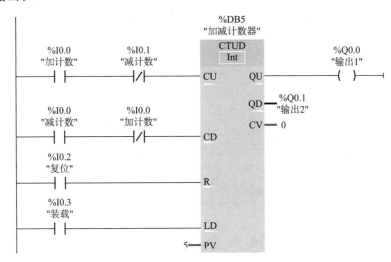

图 2.3.5　CTUD 加减计数器指令的使用

每当 CD 从 0 变为 1，CV 减少 1；当 CV≤0 时，QD 输出 1，即 Q0.1 输出；当 CV>0 时，QD 输出 0。

在任意时刻，只要 R 为 1 时，QU 输出 0，CV 立即停止计数并回到 0；只要 LD 为 1，QD 输出 0，CV 立即停止计数并回到 PV 值。

2.3.3　编程实例

图 2.3.6 是自动打包机示意图。当系统启动后，包装箱传送带前进，当包装空箱到位，检测传感器检测到有包装箱时（前进到位），包装箱传送带停转，零件传送带启动，输送零件；当包装箱中装满 60 个零件时，零件传送带停止，包装箱传送带后退，将包装箱送到打包区打包（后退到位）。

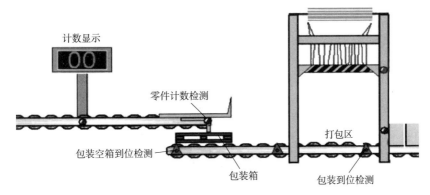

图 2.3.6　自动打包机示意图

1）任务分析。包装箱传送带正反转控制需要两个交流接触器，零件传送带需要 1 个交流接触器控制，另需要计数检测传感器 1 个；系统启动需要 1 个启动按钮、1 个停止按钮。根据分析可知，PLC 需要 7 个输入点、3 个输出点。

2）绘制 I/O 地址分配表和 I/O 接线图。I/O 地址分配表见表 2.3.2，I/O 接线图如图 2.3.7 所示。

表 2.3.2　自动打包机控制 I/O 地址分配表

输入			输出		
输入元件	输入地址	定义	输出元件	输出地址	定义
SB1	I0.0	启动按钮	KM1	Q0.0	包装箱传送带前进
SB2	I0.1	停止按钮	KM2	Q0.1	包装箱传送带后退
SQ	I0.2	零件计数检测	KM3	Q0.2	零件传送带运转
SQ1	I0.3	包装箱前进到位			
SQ2	I0.4	包装箱后退到位			

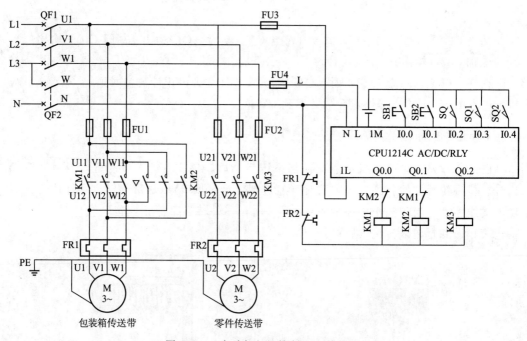

图 2.3.7　自动打包机控制 I/O 接线图

3）根据 I/O 接线图完成 PLC 与外接输入元件和输出元件的接线。

4）根据工艺控制要求编写程序。变量表如图 2.3.8 所示，参考程序如图 2.3.9 所示。

默认变量表

		名称	数据类型	地址	保持	从 H...	从 H...	在 H...
1		启动	Bool	%I0.0	☐	☑	☑	☑
2		停止	Bool	%I0.1	☐	☑	☑	☑
3		计数检测	Bool	%I0.2	☐	☑	☑	☑
4		包装箱前进到位	Bool	%I0.3	☐	☑	☑	☑
5		包装箱后退到位	Bool	%I0.4	☐	☑	☑	☑
6		包装箱传送带前进	Bool	%Q0.0	☐	☑	☑	☑
7		包装箱传送带后退	Bool	%Q0.1	☐	☑	☑	☑
8		零件传送带运转	Bool	%Q0.2	☐	☑	☑	☑
9		数量到达60个	Bool	%M3.0	☐	☑	☑	☑

图 2.3.8   自动打包机控制变量表

程序段 1：……

包装箱传送带控制

```
  %I0.0          %I0.3              %Q0.1               %Q0.0
  "启动"      "包装箱前进到位"   "包装箱传送带后退"   "包装箱传送带前进"
  ─┤ ├─┬──────────┤/├──────────────┤/├─────────────────( )───
       │
  %Q0.0│
"包装箱传送带前进"
  ─┤ ├─┘


  %M3.0          %I0.4              %Q0.0               %Q0.1
"数量达到60个"  "包装箱后退到位"  "包装箱传送带前进"   "包装箱传送带后退"
  ─┤ ├─┬──────────┤/├──────────────┤/├─────────────────( )───
       │
  %Q0.1│
"包装箱传送带后退"
  ─┤ ├─┘
```

程序段 2：……

零件传送带控制

```
  %I0.3          %M3.0                            %Q0.2
"包装箱前进到位" "数量达到60个"                  "零件传送带运转"
  ─┤ ├─┬──────────┤/├──────────────────────────────( )───
       │
  %Q0.2│
"零件传送带运转"
  ─┤ ├─┘
```

程序段 3：……

零件计数

```
                     %DB1
                   "零件计数"
                  ┌──────────┐
                  │   CTU    │
  %I0.2           │   Int    │              %M3.0
"计数检测"         │          │           "数量达到60个"
  ─┤ ├────────────┤CU      Q ├───────────────( )───
                  │       CV ├─ 0
  %I0.4           │          │
"包装箱后退到位"   │          │
  ─┤ ├────────────┤R         │
              60 ─┤PV        │
                  └──────────┘
```

图 2.3.9   自动打包机控制参考程序

5）将编写好的程序编译下载到 PLC。

6）运行调试。

2.3.4 实训操作

（1）实训目的

熟练使用计数器指令、定时器指令，根据工艺控制要求，掌握 PLC 的编程方法和调试方法，能够使用 PLC 解决实际问题。

（2）实训设备

实训设备包括计算机、S7-1200 系列 PLC、信号灯、按钮、导线等。

（3）任务要求

在规定时间内正确完成如图 2.3.10 所示的产品生产线的 PLC 控制。工艺控制要求如下：当生产线启动后，工件传送带运行；工件通过接近开关进行计数，当数量达到 24 个时，绿色指示灯点亮，当数量达到 30 个时，红色指示灯以间隔 0.5s 的速度闪烁报警。按下停止按钮，生产线停止，等待下次启动。

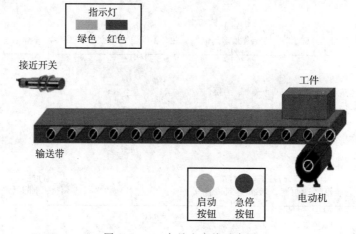

图 2.3.10　产品生产线示意图

（4）注意事项

1）通电前，必须在指导教师的监护和允许下进行。

2）要做到安全操作和文明生产。

（5）评分

评分细则见评分表。

"产品生产线控制实训操作"技能自我评分表

项目	技术要求	配分/分	评分细则	评分记录
工作前准备	清点实训操作所需的设备器件	5	每漏检或错检一件，扣 1 分	

续表

项目	技术要求	配分/分	评分细则	评分记录
绘制 I/O 地址分配表和接线图	正确绘制 I/O 地址分配表和接线图	5	地址遗漏，每处扣 1 分 接线图绘制错误，每处扣 1 分	
安装接线	按照 PLC 控制 I/O 接线图，正确、规范安装线路	20	线路布置不整齐、不合理，每处扣 2 分 接线不规范，每根扣 0.5 分 不按 I/O 接线图接线，每处扣 5 分 损坏元件，每个扣 5 分	
程序设计	1. 按照控制要求设计梯形图 2. 将程序熟练写入 PLC 中	40	不能正确达到功能要求，每处扣 5 分	
			地址与 I/O 分配表和接线图不符，每处扣 5 分	
			不会将程序写入 PLC 中，扣 10 分	
			将程序写入 PLC 中不熟练，扣 10 分	
运行调试	正确运行调试	10	不会联机调试程序，扣 10 分 联机调试程序不熟练，扣 5 分 不会监控调试，扣 5 分	
清洁	设备器件、工具摆放整齐，工作台清洁	10	乱摆放设备器件、工具，乱丢杂物，完成任务后不清理工位，扣 10 分	
安全生产	安全着装，按操作规程安全操作	10	没有安全着装，扣 5 分 操作不规范，扣 5 分 出现事故，总分计 0 分	
额定工时 360min	超时，此项从总分中扣分		每超过 5min，扣 3 分	

思 考 与 练 习

1. 计数器的 CU、CD 端信号一直保持，可以正常计数吗？为什么？

2. 如图 2.3.11 所示，M0.0 能实现输出吗？为什么？

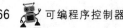

图 2.3.11　思考与练习题 2 图

任务 2.4　比较、数学运算和移动指令应用

📚 **学习目标**

1. 知道比较、数学运算、移动指令的类型。
2. 知道比较、数学运算、移动指令的使用方法。
3. 会使用比较、数学运算、移动指令进行 PLC 编程控制设计。
4. 会 PLC 与输入部件、控制部件的接线。

2.4.1　比较指令

在 S7-1200 系列 PLC 中，比较指令分为触点比较指令、范围比较指令、有效性和无效性检查指令，指令位置如图 2.4.1 所示。

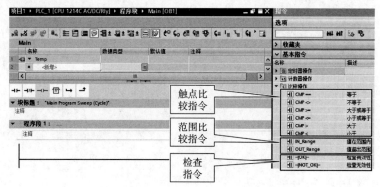

图 2.4.1　比较指令位置

1. 比较指令使用说明

(1) 触点比较指令

比较指令是最常用的用于比较两个相同类型的数据大小的指令，比较的方式主要是由触点比较指令上面的操作数 IN1 与触点比较指令下面的操作数 IN2 进行比较。操作数可以是存储器，也可以是常数。触点比较指令类型见表 2.4.1。

表 2.4.1 触点比较指令类型

指令	符号	比较结果为真（输出）	指令	符号	比较结果为真（输出）
等于	IN1 == IN2	IN1 等于 IN2	小于或等于	IN1 <= IN2	IN1 小于或等于 IN2
不等于	IN1 <> IN2	IN1 不等于 IN2	大于	IN1 > IN2	IN1 大于 IN2
大于或等于	IN1 >= IN2	IN1 大于或等于 IN2	小于	IN1 < IN2	IN1 小于 IN2

触点比较指令可被看作一个触点，当触点的结果成立时就输出，不成立时就不输出。

注意：如果是字符串数据类型，只能比较是否相同，不能比较大小。

(2) 范围比较指令

范围内比较指令 IN_RANGE 与范围外比较指令 OUT_RANGE 可以等效为一个触点。如果有能流流入指令方框，执行比较。

使用输入 MIN 和 MAX 可以指定取值范围的限值。"值在范围内"指令将输入 VAL 的值与输入 MIN 和 MAX 的值进行比较，并将结果发送到功能框输出。如果输入 VAL 的值满足 MIN<=VAL 或 VAL<=MAX 的比较条件，则功能框输出的信号状态为"1"；如果不满足比较条件，则功能框输出的信号状态为"0"。范围比较指令如图 2.4.2 所示。

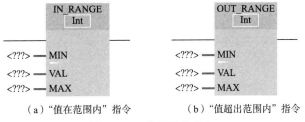

(a)"值在范围内"指令　　　　(b)"值超出范围内"指令

图 2.4.2 范围比较指令

(3) 检查有效性和无效性

"检查有效性"指令用来检查操作数的值是否为有效的浮点数。如果该指令输入的信号状态为"1"，则在每个程序周期内都进行检查。检查指令如图 2.4.3 所示。

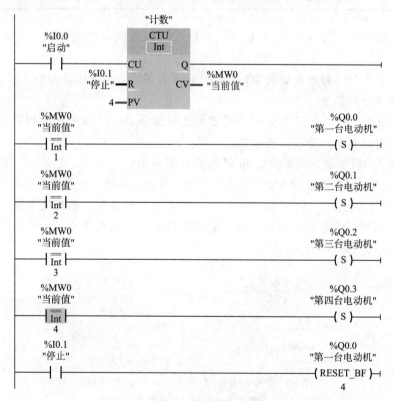

图 2.4.3 检查指令

查询时，如果操作数的值是有效浮点数且指令的信号状态为"1"，则该指令输出的信号状态为"1"；在其他任何情况下，"检查有效性"指令输出的信号状态都为"0"。

可以同时使用"检查有效性"指令和 EN 机制。如果将该指令功能框连接到"EN"使能输入，则仅在值的有效性查询结果为正数时才置位使能输入。使用该功能，可确保仅在指定操作数的值为有效浮点数。

2. 比较指令应用举例

编写一个按钮，实现四台电动机的启动程序。每按下一次启动按钮，就启动一台电动机，共四台电动机，且可实现紧急停止。程序如图 2.4.4 所示。

图 2.4.4 比较指令应用示例程序

2.4.2 数学运算指令

在 S7-1200 系列 PLC 的数学运算指令中，应用较多的是 ADD（加法）、SUB（减法）、MUL（乘法）、DIV（除法）运算指令，其操作数的数据类型可选 SInt、Int、Dint、USInt、UInt、UDInt 及 Real。在运算过程中，操作数的数据类型应该相同。运算指令位置如图 2.4.5 所示。

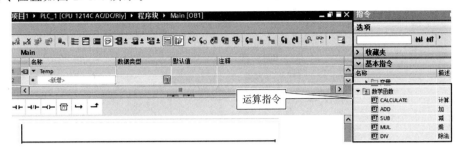

图 2.4.5   运算指令位置

1. 运算指令使用说明

（1）运算指令调用

以加法指令为例，说明运算指令的调用。需要调用运算指令时，可直接将所需指令拖到程序编辑区内。需要扩展被加数，可单击图 2.4.6（a）中所示的"*"添加被加数，单击图 2.4.6（a）中所示的"Auto（???）"选择数据类型，调用修改后的指令如图 2.4.6（b）所示。

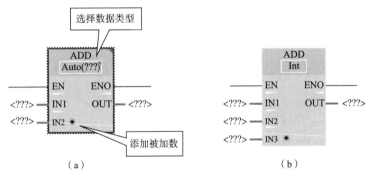

图 2.4.6   运算指令调用

（2）ADD 加法指令

如图 2.4.7 所示，如果 EN 输入信号％I0.0 触点闭合，则程序执行"加"运算，将 IN1 的值（6）与 IN2 的值（2）相加，将结果存储在 OUT 的％MW4 中。该指令执行成功，ENO 使能输出，输出继电器％Q0.0 输出。

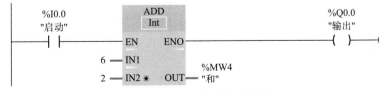

图 2.4.7   ADD 加法指令使用

（2）SUB 减法指令

如图 2.4.8 所示，如果 EN 输入信号％I0.0 触点闭合，则程序执行"减"运算，将 IN1 的值（％MW0 中的值）与 IN2 的值（％MW2 中的值）相减，将结果存储在 OUT 的％MW4 中。该指令执行成功，ENO 使能输出，输出继电器％Q0.0 输出。

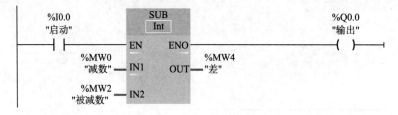

图 2.4.8　SUB 减法指令使用

（3）MUL 乘法指令

如图 2.4.9 所示，如果 EN 输入信号％I0.0 触点闭合，则程序执行"乘"运算，将 IN1 的值（％MW0 中的值）与 IN2 的值（2）相乘，将结果存储在 OUT 的％MW4 中。该指令执行成功，ENO 使能输出，输出继电器％Q0.0 输出。

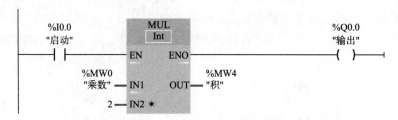

图 2.4.9　MUL 乘法指令使用

（4）DIV 除法指令

如图 2.4.10 所示，如果 EN 输入信号％I0.0 触点闭合，则程序执行"除"运算，将 IN1 的值（％MW0 中的值）与 IN2 的值（％MW2 中的值）相除，将结果存储在 OUT 的％MW4 中。该指令执行成功，ENO 使能输出，输出继电器％Q0.0 输出。

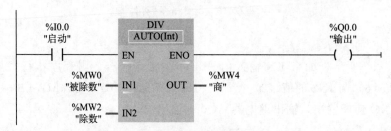

图 2.4.10　DIV 除法指令使用

（5）使用运算指令的注意事项

1）ENO 使能输出，根据工程实际情况，可以不使用。

2）如果是整数除法，当除不尽时，自动舍去余数，保留商。

3）在实际生产工程中，尽可能使用 Real、LReal 浮点数数据类型。

4）在实际生产工程中，尽可能使用 32 位双字节 MD×× 地址保存数据。

2. 运算指令应用举例

编写计算梯形面积公式 $S=（上底＋下底）×高÷2$ 的程序。程序如图 2.4.11 所示。

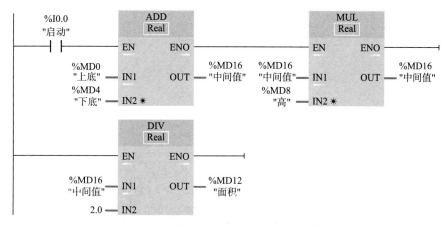

图 2.4.11　运算指令应用示例程序

2.4.3　移动指令

在 S7-1200 系列 PLC 中，移动值指令 MOVE 用于对寄存器进行赋值，或者把一个数值（可以是常数或寄存器变量）传送到另外一个寄存器或多个寄存器中，可以传送到 MB（字节）、MW（字）、MD（双字）等不同类型的寄存器中，还可以用于清零功能。传送的数据主要有整数、浮点数、定时器、位字符串、Date、Time、TOD、DTL、Char、Struct、Array 等数据类型。

（1）MOVE 指令调用

需要调用 MOVE 指令时，可直接将所需指令拖到程序编辑区内。需要扩展传送地址，可单击图 2.4.12（a）中所示的"*"增加传送地址，调用修改后的指令如图 2.4.12（b）所示。如果传送结构化数据类型（DTL，Struct，Array）或字符串（String）的字符，则无法扩展指令框。

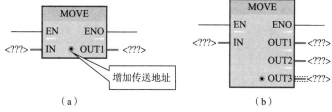

（a）　　　　　　　　　　（b）

图 2.4.12　MOVE 指令调用

（2）MOVE 指令使用示例

如图 2.4.13 所示，当 I0.0 接通，MOVE 将 IN 输入端的 MW10 中的数据（内容）

传送到 OUT1 输出端的 MW12 中。

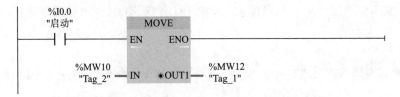

图 2.4.13　MOVE 指令使用示例

2.4.4　编程实例

图 2.4.14 为某停车场示意图。该停车场共有 100 个停车位，出入口装有车辆出入检测传感器，用来检测出入车辆数目。

图 2.4.14　停车场示意图

只有停车场有车位，入口栏杆才可以开启，让车辆进入停放，并有绿色指示灯指示还有车位。

当停车场车位已满，入口栏杆不能再开启让车辆进入，并有红色指示灯指示车位已满。

1）任务分析。系统启动/停止、进/出口检测传感器、进口栏杆开启/关闭限位、出口栏杆开启/关闭限位共计需要 8 个输入点；有无车位、进出口栏杆开启/关闭共计需要 6 个输出点。

2）绘制 I/O 地址分配表和 I/O 接线图。I/O 地址分配表见表 2.4.2，I/O 接线图如图 2.4.15 所示。

表 2.4.2　停车场车位控制 I/O 地址分配表

输入			输出		
输入元件	输入地址	定义	输出元件	输出地址	定义
SQ1	I0.0	进口检测传感器	HL1	Q0.0	有车位指示
SQ2	I0.1	出口检测传感器	HL2	Q0.1	车位满指示
SQ3	I0.2	进口栏杆开启到位	KM1	Q0.2	进口栏杆开启
SQ4	I0.3	进口栏杆关闭到位	KM2	Q0.3	进口栏杆关闭

续表

输入			输出		
输入元件	输入地址	定义	输出元件	输出地址	定义
SQ5	I0.4	出口栏杆开启到位	KM3	Q0.4	出口栏杆开启
SQ6	I0.5	出口栏杆关闭到位	KM4	Q0.5	出口栏杆关闭
SB1	I0.6	系统启动			
SB2	I0.7	系统停止			

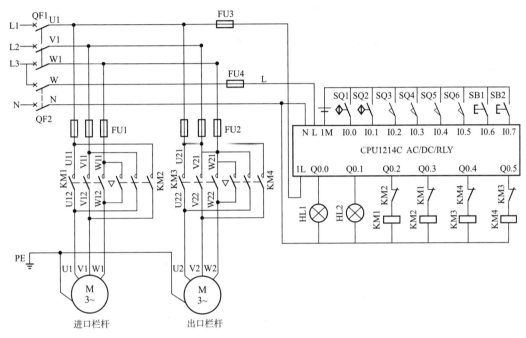

图 2.4.15　停车场车位控制 I/O 接线图

3）根据 I/O 接线图完成 PLC 与外接输入元件和输出元件的接线。

4）根据工艺控制要求编写程序。变量表如图 2.4.16 所示，参考程序如图 2.4.17 所示。

		名称	数据类型	地址	保持	从 H...	从 H...	在 H...
1		进口传感器	Bool	%I0.0		☑	☑	☑
2		出口传感器	Bool	%I0.1		☑	☑	☑
3		进口栏杆开启到位	Bool	%I0.2		☑	☑	☑
4		进口栏杆关闭到位	Bool	%I0.3		☑	☑	☑
5		出口栏杆开启到位	Bool	%I0.4		☑	☑	☑
6		出口栏杆关闭到位	Bool	%I0.5		☑	☑	☑
7		系统启动	Bool	%I0.6		☑	☑	☑
8		系统停止	Bool	%I0.7		☑	☑	☑
9		有车位指示	Bool	%Q0.0		☑	☑	☑
10		车位满指示	Bool	%Q0.1		☑	☑	☑
11		进口栏杆开启	Bool	%Q0.2		☑	☑	☑
12		进口栏杆关闭	Bool	%Q0.3		☑	☑	☑
13		出口栏杆开启	Bool	%Q0.4		☑	☑	☑
14		出口栏杆关闭	Bool	%Q0.5		☑	☑	☑
15		已停车位	Int	%MW0		☑	☑	☑
16		启动	Bool	%M10.0		☑	☑	☑

图 2.4.16　停车场车位控制变量表

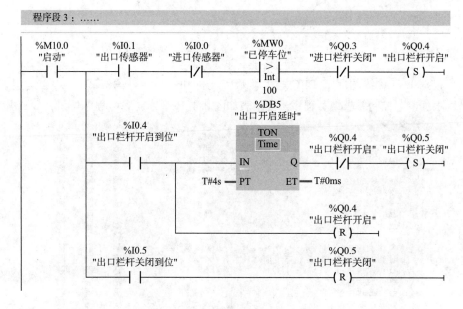

图 2.4.17　停车场车位控制参考程序

程序段 4：……

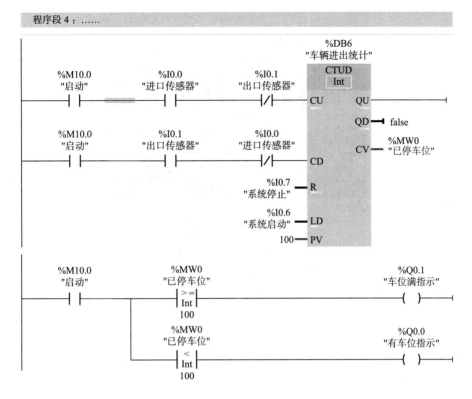

图 2.4.17 停车场车位控制参考程序（续）

注意：进口、出口检测传感器在程序中要互锁，否则会造成统计数量不准确。

5）将编写好的程序编译下载到 PLC。

6）运行调试。

2.4.5 实训操作

（1）实训目的

熟练使用计数器指令、定时器指令、比较指令等指令，根据工艺控制要求，掌握 PLC 的编程方法和调试方法，能够使用 PLC 解决实际问题。

（2）实训设备

实训设备包括计算机、S7－1200 系列 PLC、信号灯、按钮、导线等。

（3）任务要求

图 2.4.18 为投币洗车机示意图，用于司机清洗车辆，司机每投入 1 元可以使用 10min，其中喷水时间为 5min。按要求设计控制程序。

（4）注意事项

1）通电前，必须在指导教师的监护和允许下进行。

2）要做到安全操作和文明生产。

（5）评分

评分细则见评分表。

图 2.4.18　投币洗车机示意图

"投币洗车机控制实训操作"技能自我评分表

项目	技术要求	配分/分	评分细则	评分记录
工作前准备	清点实训操作所需的设备器件	5	每漏检或错检一件，扣 1 分	
绘制 I/O 地址分配表和接线图	正确绘制 I/O 地址分配表和接线图	5	地址遗漏，每处扣 1 分 接线图绘制错误，每处扣 1 分	
安装接线	按照 PLC 控制 I/O 接线图，正确、规范安装线路	20	线路布置不整齐、不合理，每处扣 2 分 接线不规范，每根扣 0.5 分 不按 I/O 接线图接线，每处扣 5 分 损坏元件，每个扣 5 分	
程序设计	1. 按照控制要求设计梯形图 2. 将程序熟练写入 PLC 中	40	不能正确达到功能要求，每处扣 5 分	
			地址与 I/O 分配表和接线图不符，每处扣 5 分	
			不会将程序写入 PLC 中，扣 10 分	
			将程序写入 PLC 中不熟练，扣 10 分	
运行调试	正确运行调试	10	不会联机调试程序，扣 10 分 联机调试程序不熟练，扣 5 分 不会监控调试，扣 5 分	
清洁	设备器件、工具摆放整齐，工作台清洁	10	乱摆放设备器件、工具，乱丢杂物，完成任务后不清理工位，扣 10 分	
安全生产	安全着装，按操作规程安全操作	10	没有安全着装，扣 5 分 操作不规范，扣 5 分 出现事故，总分计 0 分	
额定工时 360min	超时，此项从总分中扣分		每超过 5min，扣 3 分	

思考与练习

1. 试编写 Y＝2X＋3 程序。

2. 要把图 2.4.19 中计数器的当前数值传送到 MW20 中（不得修改计数器现有地址），如果 MW20 大于 MW22，则 Q0.0 实现输出，程序怎样编写？

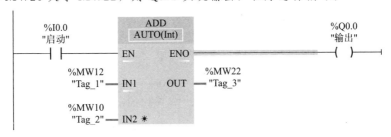

图 2.4.19　思考与练习题 2 图

任务 2.5　移位和程序控制指令应用

学习目标

1. 知道移位、程序控制指令的类型。
2. 知道移位、程序控制指令的使用方法。
3. 会使用移位、程序控制指令进行 PLC 编程控制设计。
4. 会 PLC 与输入部件、控制部件的接线。

2.5.1　移位指令

移位指令分为左移位指令 SHL、右移位指令 SHR、左移循环指令 ROL、右移循环指令 ROR，主要用于顺序动作控制编程。

1. 左移位指令 SHL、右移位指令 SHR

左移位指令 SHL、右移位指令 SHR 主要用于产品连续状态（合格品、不合格品）及工序连续移动的场合，指令如图 2.5.1 所示。

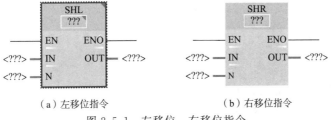

（a）左移位指令　　　　　　　　　（b）右移位指令

图 2.5.1　左移位、右移位指令

（1）左移位指令 SHL

左移位指令是每执行一次将"IN"寄存器中的值向左移动 N 位，移动结果存放在"OUT"寄存器中。

如图 2.5.2 所示的示例程序，是把"IN"寄存器 MW10 里的 16 位数 9228 向左（由低位向高位）移动 4 位，高位移出，移空的低位补 0，结果存入"OUT"寄存器 MW12，左移一次结果是 2280，向左移 4 位的示意图如图 2.5.3 所示。

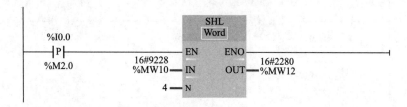

图 2.5.2 左移位指令示例程序

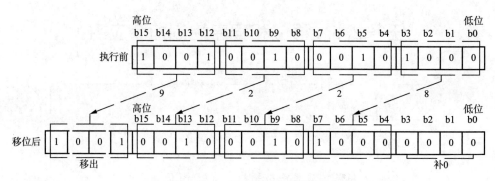

图 2.5.3 向左移 4 位示意图

（2）右移位指令 SHR

右移位指令是每执行一次将"IN"寄存器中的值向右移动 N 位，移动结果存放在"OUT"寄存器中。

如图 2.5.4 所示的示例程序，是把"IN"寄存器 MW10 里的 16 位数 9228 向右（由高位向低位）移动 4 位，低位移出，移空的高位补 0，结果存入"OUT"寄存器 MW12，右移一次结果是 0922，向右移 4 位的示意图如图 2.5.5 所示。

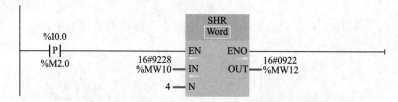

图 2.5.4 右移位指令示例程序

（3）移位指令使用注意事项

对于移位指令，需要注意以下几点：

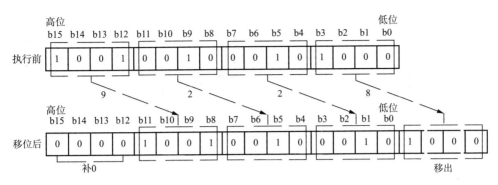

图 2.5.5　向右移 4 位示意图

1）N＝0 时，不进行移位，直接将"IN"值分配给"OUT"。

2）用 0 填充移位操作清空的位。

3）如果要移位的位数 N 超过目标值中的位数（Byte 为 8 位、Word 为 16 位、DWord 为 32 位），则所有原始位值将被移出并用 0 代替，即将 0 分配给"OUT"。

4）如要实现自移位，"IN"的寄存器地址和"OUT"的寄存器地址要相同。

5）移位指令 EN 前的操作数至少要有一个上升沿或下降沿触点指令。

2. 左移循环指令 ROL、右移循环指令 ROR

左移循环指令 ROL、右移循环指令 ROR 如图 2.5.6 所示。

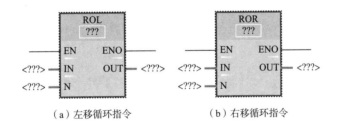

（a）左移循环指令　　（b）右移循环指令

图 2.5.6　左移循环、右移循环指令

（1）左移循环指令 ROL

左移循环指令是每执行一次将"IN"寄存器中的值向左（由低位向高位）移动 N 位，移动结果存放在"OUT"寄存器中，用高位移出的位填充因循环移动而空出的低位。示例程序如图 2.5.7 所示。

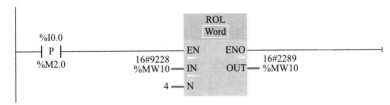

图 2.5.7　左移循环指令示例程序

如图 2.5.7 所示的示例程序，是把"IN"寄存器 MW10 里的 16 位数 9228 向左（由低位向高位）移动 4 位，高位移出填充移空的低位，结果存入"OUT"寄存器 MW10，左移循环一次结果是 2289，向左循环移 4 位的示意图如图 2.5.8 所示。

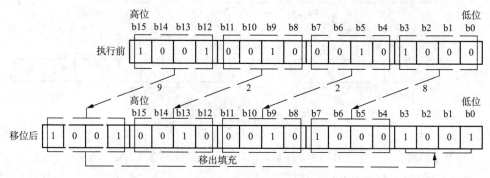

图 2.5.8　左移循环 4 位示意图

（2）右移循环指令 ROR

右移循环指令是每执行一次将"IN"寄存器中的值向右（由高位向低位）移动 N 位，移动结果存放在"OUT"寄存器中，用低位移出的位填充因循环移动而空出的高位。示例程序如图 2.5.9 所示。

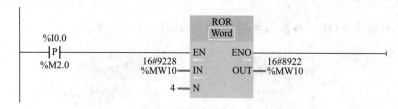

图 2.5.9　右移循环指令示例程序

如图 2.5.9 所示的示例程序，是把"IN"寄存器 MW10 里的 16 位数 9228 向右（由高位向低位）移动 4 位，低位移出填充移空的高位，结果存入"OUT"寄存器 MW10，右移循环一次结果是 8922，向右循环移 4 位的示意图如图 2.5.10 所示。

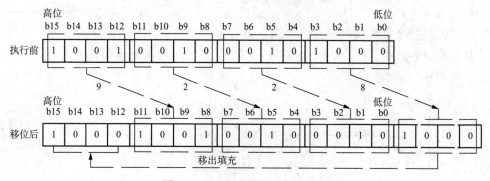

图 2.5.10　右移循环 4 位示意图

（3）循环移位指令使用注意事项

对于循环移位指令，需要注意以下几点：

1）N＝0 时，不进行循环移位，直接将"IN"值分配给"OUT"。

2）从目标值一侧循环移出的位数据将循环移位到目标值的另一侧，因此原始位值不会丢失。

3）如果要循环移位的位数 N 超过目标值中的位数（Byte 为 8 位、Word 为 16 位、DWord 为 32 位），仍将执行循环移位。

4）循环移位指令 EN 前的操作数至少要有一个上升沿或下降沿触点指令。

2.5.2　程序控制指令

S7-1200 系列 PLC 程序控制指令有很多，这里主要介绍常用的跳转指令。跳转指令可以使 PLC 编程的灵活性大大提高，它的作用就是使 PLC 可根据不同条件的判断，选择不同的程序段执行程序。与跳转有关的指令有 3 条，分别是 JMP 指令、JMPN 指令、LABEL 跳转标签指令。

（1）JMP 跳转指令

跳转指令使能输入为 1 时，程序跳到同程序中的指定标签处执行。

如图 2.5.11 所示示例程序，当程序段 1 的"选择 I0.0"开关闭合时，JMP 跳转指令的跳转条件成立，则跳转到标签 a001 处的程序段，即开始执行程序段 5 以下所有的程序段，而程序段 5 前面的程序不再执行。

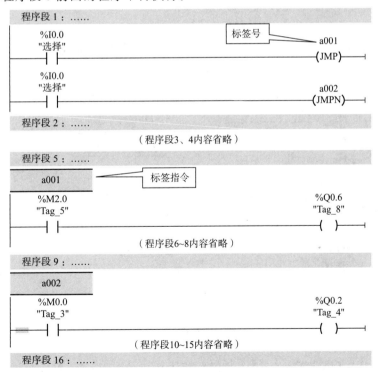

图 2.5.11　跳转指令使用示例程序

（2）JMPN 跳转指令

跳转指令使能输入为 0 时，程序跳到同程序中的指定标签处执行。

如图 2.5.11 所示示例程序，当程序段 1 的"选择 I0.0"开关断开时，JMPN 跳转指令的跳转条件成立，则跳转到标签 a002 处的程序段，即开始执行程序段 9 以下所有的程序段，而程序段 9 前面的程序不再执行。

（3）LABEL 跳转标签指令

跳转标签指令用来标记程序段，作为跳转指令执行时跳转到目标位置。标签号可以用数字＋字母表示，也可以全部用字母表示。

使用跳转标签指令时，只要把指令直接拖入要跳转的程序段，设置好标签号即可，如图 2.5.11 中程序段 5、程序段 9 位置所示。

（4）跳转指令使用注意事项

1）跳转指令和跳转标签指令必须配合使用。

2）跳转指令只能用在同一程序块中，不能在不同的程序块中相互跳转。

3）跳转指令可以向前跳转，也可以向后跳转。

2.5.3　编程实例

图 2.5.12 所示为产品简易视觉分拣系统示意图，其工艺过程如下：

① 在 1 号工位检测产品的状态，如果是次品 NG，则标记为 1；如果是合格品 OK，则标记为 0。

② 皮带轮每转一圈，工件都会移到下一个工位。

③ 在 5 号工位上把次品推到次品筐，合格品通过皮带传送自动落入合格品筐。

1）任务分析。根据图 2.5.12 所示的产品简易视觉分拣系统示意图及工艺过程得知，共计需要 8 个输入点，有 3 个输出点。

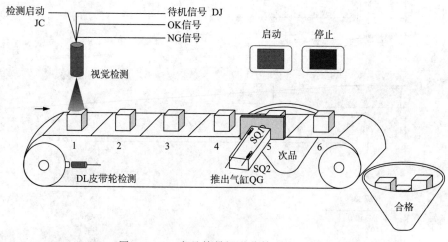

图 2.5.12　产品简易视觉分拣系统示意图

用字节 MB3（包含 M3.0～M3.7 位）描述工位号，M3.0～M3.4 对应 1～5 号工位（M3.5～M3.7 多余，不用）。

为保证产品检测的准确性，检测延时 1s 后判别合格品与次品。

2）绘制 I/O 地址分配表和 I/O 接线图。I/O 地址分配表见表 2.5.1，I/O 接线图如图 2.5.13 所示。

表 2.5.1　产品简易视觉分拣系统 I/O 地址分配表

输入			输出		
输入元件	输入地址	定义	输出元件	输出地址	定义
DJ	I0.0	视觉待机	KM	Q0.0	输送带运行
OK	I0.1	合格品	QG	Q0.1	推出气缸
NG	I0.2	次品	JC	Q0.2	检测运行
DL	I0.3	皮带旋转一周检测			
SQ1	I0.4	气缸推出到位			
SQ2	I0.5	气缸回退到位			
SB1	I0.6	系统启动			
SB2	I0.7	系统停止			

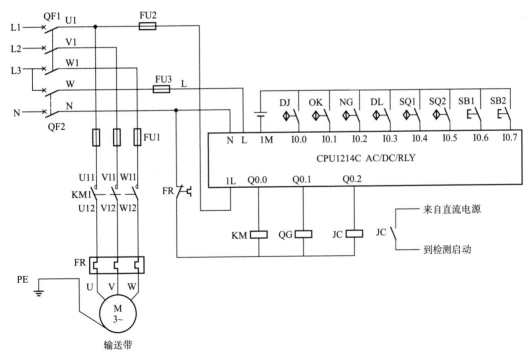

图 2.5.13　产品简易视觉分拣系统 I/O 接线图

3）根据 I/O 接线图完成 PLC 与外接输入元件和输出元件的接线。

4）根据工艺控制要求编写程序。变量表如图 2.5.14 所示，参考程序如图 2.5.15 所示。

变量表_1

		名称	数据类型	地址	保持	从 H...	从 H...	在 H...
1		视觉待机	Bool	%I0.0	☐	☑	☑	☑
2		合格品	Bool	%I0.1	☐	☑	☑	☑
3		次品	Bool	%I0.2	☐	☑	☑	☑
4		皮带轮旋转一周检测	Bool	%I0.3	☐	☑	☑	☑
5		气缸推出到位	Bool	%I0.4	☐	☑	☑	☑
6		气缸回退到位	Bool	%I0.5	☐	☑	☑	☑
7		系统启动	Bool	%I0.6	☐	☑	☑	☑
8		系统停止	Bool	%I0.7	☐	☑	☑	☑
9		输送带运行	Bool	%Q0.0	☐	☑	☑	☑
10		推出气缸	Bool	%Q0.1	☐	☑	☑	☑
11		检测运行	Bool	%Q0.2	☐	☑	☑	☑
12		工位	Byte	%MB3	☐	☑	☑	☑
13		运行状态	Bool	%M5.0	☐	☑	☑	☑
14		产品检测准备	Bool	%M2.0	☐	☑	☑	☑
15		检测中	Bool	%M2.1	☐	☑	☑	☑
16		有次品	Bool	%M2.2	☐	☑	☑	☑
17		记录次品	Bool	%M3.0	☐	☑	☑	☑
18		次品到达5号工位	Bool	%M3.4	☐	☑	☑	☑

图 2.5.14 产品简易视觉分拣系统变量表

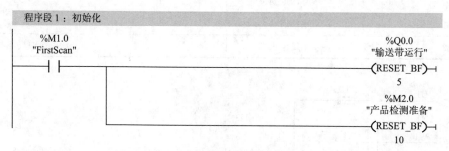

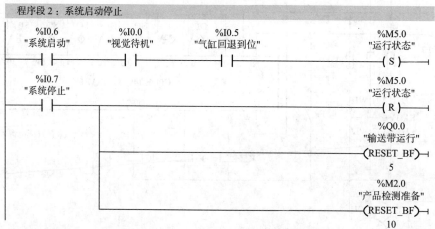

图 2.5.15 产品简易视觉分拣系统参考程序

程序段 4：皮带轮旋转一周. 停止皮带电动机. 准备检测产品

```
  %M5.0        %I0.3                                              %Q0.0
 "运行状态"  "皮带轮旋转一周检测"                                "输送带运行"
 ──┤├──────────┤P├──────────┬────────────────────────────────────( R )──
               %M7.0         │
               "Tag_2"       │                                    %Q0.0
                             │                                  "产品检测准备"
                             └────────────────────────────────────( S )──
```

程序段 5：产品检测准备

```
  %M2.0                                                          %Q0.2
"产品检测准备"                                                 "检测运行"
 ──┤├────┬─────────────────────────────────────────────────────( )──
         │
         │  %Q0.2        %Q0.2                          ┌──────SHL──────┐
         │"检测运行"   "检测运行"                      │     Byte      │
         ├──┤├────┬──────┤P├──────────────────────────┤EN         ENO├──
         │        │      %M7.0           %MB3          │              │  %MB3
         │        │      "Tag_2"        "工位"──────┤IN        OUT├──"工位"
         │        │                        1────────┤N             │
         │        │                                  └───────────────┘
         │        │               %DB1
         │        │             "检测定时"
         │        │           ┌──────TON──────┐        %M2.1
         │        │           │     Time      │       "检测中"
         │        └───────────┤IN           Q├─────────( S )──
         │                     │              │
         │            T#1s─────┤PT          ET├────T#0ms
         │                     └───────────────┘
         │                                              %M2.0
         │                                           "产品检测准备"
         └─────────────────────────────────────────────( R )──
```

程序段 6：产品检测

```
  %M2.1        %I0.1                                             %M3.0
 "检测中"     "合格品"                                        "记录次品"
 ──┤├──────────┤├───┬──────────────────────────────────────────( R )──
                    │                                            a001
                    ├──────────────────────────────────────────(JMP)──
                    │                                            %M2.1
                    │                                           "检测中"
                    └──────────────────────────────────────────( R )──

                %I0.2                                            %M3.0
               "次品"                                         "记录次品"
              ──┤├───┬──────────────────────────────────────────( S )──
                     │                                           %M2.1
                     │                                          "检测中"
                     └──────────────────────────────────────────( R )──
```

图 2.5.15　产品简易视觉分拣系统参考程序（续）

程序段7：剔除次品

| %M3.4 | %I0.4 | %Q0.1 |
| "次品到达5号工位" | "气缸推出到位" | "推出气缸" |

%I0.5
"气缸回退到位"

a001
(JMP)

图 2.5.15　产品简易视觉分拣系统参考程序（续）

5）将编写好的程序编译下载到 PLC。

6）运行调试。

2.5.4　实训操作

（1）实训目的

熟练使用移位、程序控制等指令，根据工艺控制要求，掌握 PLC 的编程方法和调试方法，能够使用 PLC 解决实际问题。

（2）实训设备

实训设备包括计算机、S7-1200 系列 PLC、信号灯、按钮、导线等。

（3）任务要求

如图 2.5.16 所示的流水灯，八组对应于 L0～L7。按下启动按钮，从第 1 组开始每隔 1s 点亮，点亮下一组的同时上一组熄灭，当第八组点亮后延时 5s，然后隔 1s 反向点亮，回到第一组时，又延时 5s 进行下一轮循环；按下停止按钮，所有流水灯熄灭。按要求设计控制程序。

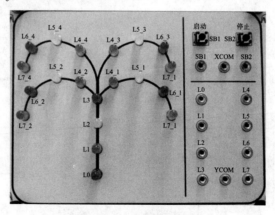

图 2.5.16　流水灯示意图

（4）注意事项

1）通电前，必须在指导教师的监护和允许下进行。

2）要做到安全操作和文明生产。

（5）评分

评分细则见评分表。

"流水灯控制实训操作"技能自我评分表

项目	技术要求	配分/分	评分细则	评分记录
工作前准备	清点实训操作所需的设备器件	5	每漏检或错检一件，扣1分	
绘制 I/O 地址分配表和接线图	正确绘制 I/O 地址分配表和接线图	5	地址遗漏，每处扣1分 接线图绘制错误，每处扣1分	
安装接线	按照 PLC 控制 I/O 接线图，正确、规范安装线路	20	线路布置不整齐、不合理，每处扣2分 接线不规范，每根扣0.5分 不按 I/O 接线图接线，每处扣5分 损坏元件，每个扣5分	
程序设计	1. 按照控制要求设计梯形图 2. 将程序熟练写入 PLC 中	40	不能正确达到功能要求，每处扣5分 地址与 I/O 分配表和接线图不符，每处扣5分 不会将程序写入 PLC 中，扣10分 将程序写入 PLC 中不熟练，扣10分	
运行调试	正确运行调试	10	不会联机调试程序，扣10分 联机调试程序不熟练，扣5分 不会监控调试，扣5分	
清洁	设备器件、工具摆放整齐，工作台清洁	10	乱摆放设备器件、工具，乱丢杂物，完成任务后不清理工位，扣10分	
安全生产	安全着装，按操作规程安全操作	10	没有安全着装，扣5分 操作不规范，扣5分 出现事故，总分计0分	
额定工时 360min	超时，此项从总分中扣分		每超过 5min，扣3分	

思考与练习

1. 如图 2.5.17 所示，如果 MB4 的初始值为 2，当 I0.0 接通三次后，M5＝?

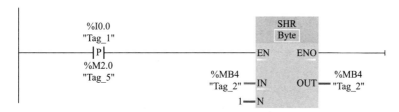

图 2.5.17　思考与练习题 1 图

2. 如图 2.5.18 所示，当 I0.0 接通三次后，MW12＝?

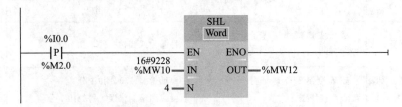

图 2.5.18　思考与练习题 2 图

3. 如图 2.5.19 所示，如果 MB3 的初始值为 3，I0.2 接通几次，Q0.0 有输出?

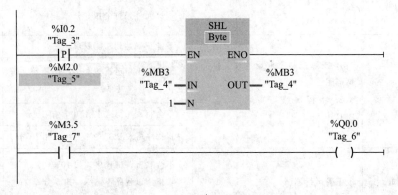

图 2.5.19　思考与练习题 3 图

项目 3 S7-1200系列PLC的扩展应用

S7-1200 系列 PLC 的扩展应用比较多，在本项目中主要介绍数据块（DB）、子程序控制、高速计数器、模拟量等应用。

任务 3.1 数据块（DB）的应用

 学习目标

1. 了解数据块的分类。
2. 会建立基本数据类型数据块、Array 数据类型数据块。
3. 知道优化块和非优化块的区别。
4. 会设置数据的保持性。

数据块主要用于存储程序的数据，没有操作指令，只是一个数据存储区。数据块分为全局数据块和背景数据块。全局数据块又称共享数据块，所有逻辑块都可以访问全局数据块存储的信息，其结构由用户自定义；背景数据块则是指被功能块支配的数据块，分为一般背景数据块和专用数据块（如定时器数、计数器数），一个背景数据块对应一个功能块，其接口和功能块的接口一致。

3.1.1 创建数据块

（1）添加数据块

在"项目树"PLC 的"程序块"中，双击打开"添加新块"，在窗口中选择数据块，按照图 3.1.1 所示设定数据块属性。

名称：此处可以键入数据块的符号名。如果不做更改，那么将保留系统分配的默认符号名。例如，此处为数据块分配的符号名为"DB1"。

类型：此处可以通过下拉菜单选择所要创建的数据块类型——全局数据块或背景数据块。如果要创建背景数据块，下拉菜单中列出了此项目中已有的 FB 供用户选择。

语言：对于创建数据块，此处不可更改。

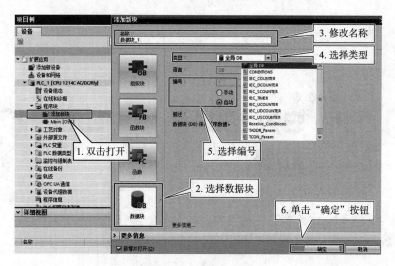

图 3.1.1　数据块创建

编号：默认配置为"自动"，即系统自动为所生成的数据块分配块号。当然，也可以选择"手动"，则"编号"处的下拉菜单变为高亮状态，以便用户自行分配数据块编号。

当以上的数据块属性全部设定完成，单击"确定"按钮，即创建完成一个数据块。用户可以在"项目树"中看到刚刚创建的数据块，同时弹出一个变量编辑界面；如果没有弹出，可以在"项目树"中双击"数据块"打开，在这个界面中即可添加所需的变量，如图 3.1.2 所示。

图 3.1.2　数据块创建完成

（2）调出隐藏变量属性

默认情况下可能会有一些变量属性列没有显示出来，可以右击任意列标题，在出现的菜单中选择显示被隐藏的列，如图 3.1.3 所示。

（3）定义数据块变量

在数据块变量编辑区定义名称、数据类型等。数据类型可以定义为基本数据类型、复杂数据类型（时间与日期、字符串、结构体、数组等）、PLC 数据类型（如用户自定义数据类型)、系统数据类型和硬件数据类型。可以直接键入数据类型标识符，或者通过该列中的选择按钮在下拉菜单中选择。如图 3.1.4 所示，可在添加的数据块 DB1 中编辑添加的启动、停止、温度、速度、压力等变量。

图 3.1.3　调出隐藏变量属性

		名称		数据类型	起始值	保持	从 HMI/OPC..
1		▼ Static					
2		■	启动	Bool	false	☐	☑
3		■	停止	Bool	false	☐	☑
4		■	温度	Real	0.0	☐	☑
5		■	速度	Real	0.0	☐	☑
6		■	压力	Real	0.0	☐	☑

图 3.1.4　定义数据块变量

需要注意的是，在数据块中添加的"启动"和"停止"与 PLC 变量表中的"启动"和"停止"作用一样，但用法不一样。PLC 变量表中的"启动"和"停止"只能接收 PLC 外部硬件开关，即 I/O 的控制信号，而数据块中的"启动"和"停止"可以定义用来接收任何设备的控制信号，主要用于接收远程控制设备信号，如接收触摸屏(HMI)控制信号。

3.1.2　数据块中数组(Array)数据类型变量的建立

当一个工程项目比较大，控制信号达到十几个甚至上百个的时候，按照前面的方法在变量表中一个个编辑变量就很繁琐，所用时间也长。在数据块中使用数组数据类型变量，就能很好地解决这个问题。

数组数据类型在项目 1 任务 1.4 中有介绍，是指一组相同类型的数据，其格式是 ARRAY lo..hi。

(1) 基本数据数组的建立

以建立一组有 20 个开关控制信号数据的数组为例，介绍数组数据类型的基本数据数组建立方法。

1) 在数据块的变量编辑区定义名称(开关)、选择数据类型(Array0..1 of Bool)，如图 3.1.5 所示。

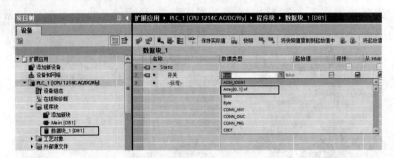

图 3.1.5 选择基本数据类型

2）设定数组个数。单击倒三角按钮，把"数组限值"修改为"0..19"，表示这组数据为 20 个，单击"√"按钮，如图 3.1.6 所示。

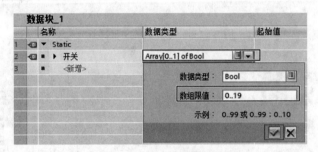

图 3.1.6 设定基本数据数组个数

建立好数组后可以查看。查看方法：单击最左边的倒三角按钮，展开所建立的数组个数，如图 3.1.7 所示。

	名称		数据类型	起始值	保持	从 HMI/OPC..	从 H..	在 HMI ..
1		▼ Static						
2		▼ 开关	Array[0..19] of Bool		☐	☑	☑	☑
3		开关[0]	Bool	false	☐	☑	☑	☑
4		开关[1]	Bool	false	☐	☑	☑	☑
5		开关[2]	Bool	false	☐	☑	☑	☑
6		开关[3]	Bool	false	☐	☑	☑	☑
7		开关[4]	Bool	false	☐	☑	☑	☑
8		开关[5]	Bool	false	☐	☑	☑	☑
9		开关[6]	Bool	false	☐	☑	☑	☑
10		开关[7]	Bool	false	☐	☑	☑	☑
11		开关[8]	Bool	false	☐	☑	☑	☑
12		开关[9]	Bool	false	☐	☑	☑	☑
13		开关[10]	Bool	false	☐	☑	☑	☑
14		开关[11]	Bool	false	☐	☑	☑	☑
15		开关[12]	Bool	false	☐	☑	☑	☑
16		开关[13]	Bool	false	☐	☑	☑	☑
17		开关[14]	Bool	false	☐	☑	☑	☑
18		开关[15]	Bool	false	☐	☑	☑	☑
19		开关[16]	Bool	false	☐	☑	☑	☑
20		开关[17]	Bool	false	☐	☑	☑	☑
21		开关[18]	Bool	false	☐	☑	☑	☑
22		开关[19]	Bool	false	☐	☑	☑	☑

图 3.1.7 查看数组个数

（2）背景数据块数组的建立

以建立一组有 3 个开关定时器数据的数组为例，介绍背景数据块数组数据类型建立的方法。

1）在数据块的变量编辑区定义名称（定时器）、选择数据类型（Array0..1 of IEC_TIMER），如图 3.1.8 所示。

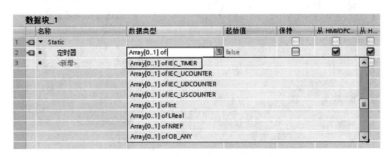

图 3.1.8　选择定时器数据类型

2）设定数组个数。单击倒三角按钮，把"数组限值"修改为"0..2"，表示这组定时器为 3 个，单击"√"按钮，如图 3.1.9 所示。查看方式同上。

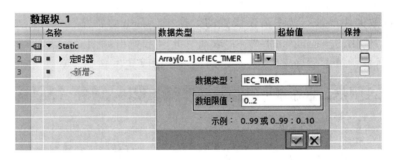

图 3.1.9　设定定时器数据数组个数

3.1.3　S7 - 1200 系列 PLC 的保持性

在许多实际生产中，为使生产连续，保证产品质量，有些数据不能在 PLC 断电后丢失。

设置 PLC 数据块的保持性，可以有效保证 PLC 断电时保持断电前的数据，上电后恢复断电前的数据，不会因断电而丢失数据。

数据块的保持性按访问方式分有标准（非优化）数据块和优化数据块两种。这两种数据块的区别和性能见表 3.1.1。

表 3.1.1　标准数据块与优化数据块的区别

项目	标准数据块	优化数据块
数据管理	取决于变量的声明；用户可以生成用户定义或一个内存优化的数据结构	数据被系统管理和优化；用户可以生成用户定义的数据结构，系统进行优化，以节省内存空间

续表

项目	标准数据块	优化数据块
存储方式	每个变量的存储地址在数据块中，每个变量的偏移地址可见	每个变量的存储地址由 CPU 自动分配，无偏移地址
访问方式	可通过符号地址、绝对地址及指针方式寻址	仅可通过符号地址访问
下载无需初始化功能	不支持	支持（仅 S7-1500）
访问速度	慢	快
数据保持性	以整个数据块为单位设置保持性	数据块内的每个变量均可单独设置保持性
兼容性	与 S7-300/400 PLC 兼容	与 S7-300/400 PLC 不兼容
出错概率	绝对地址访问（如 HMI 或间接寻址），声明修改后可能导致数据的不一致	缺省为符号访问，不会造成数据的不一致，如 HMI 只与符号名称对应

（1）标准（非优化）数据块保持性的设置

1）标准数据块设置。选中需要设置的数据块，右击"属性"，单击"常规"，单击"属性"，将"优化的块访问"的"√"取消（此时会弹出如图 3.1.10 所示的"优化的块访问"对话框，单击"确定"按钮即可），单击"确定"按钮，如图 3.1.11 所示。

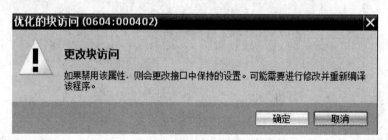

图 3.1.10　"优化的块访问"对话框

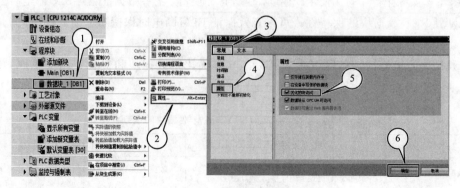

图 3.1.11　标准数据块设置

2）保持性设置。双击打开标准数据块，在“保持”一列的任意一个框打钩，如图 3.1.12 所示。

数据块_1

	名称	数据类型	偏移量	起始值	保持
1	▼ Static				☐
2	▪ ▸ 开关	Array[0..1] of Bool	...		☑
3	▪ ▸ 定时器	Array[0..2] of IEC_T...	...		☑
4	▪ 启动	Bool	...	false	☑
5	▪ 停止	Bool	...	false	☑

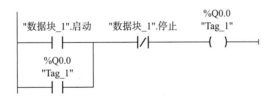

图 3.1.12　标准数据块保持性设置

注意：由于这是非优化的数据块，如果该数据块中的变量需要保持，就是所有变量都被设置成保持（“保持”一列全部被勾选）。

（2）优化数据块保持性的设置

在 S7－1200 系列 PLC 中，默认优化数据块访问，可以直接设置保持性。

双击打开优化的数据块，在“保持”一列勾选。由于这是优化的数据块，如果该数据块中的哪个变量需要保持，就在该变量这一行的“保持”打钩，优化的数据块的变量是可以单个设置保持性的，如图 3.1.13 所示。

数据块_1

	名称	数据类型	起始值	保持
1	▼ Static			☐
2	▪ ▸ 开关	Array[0..1] of Bool		☑
3	▪ ▸ 定时器	Array[0..2] of IEC_T...		☐
4	▪ 启动	Bool	false	☑
5	▪ 停止	Bool	false	☐

图 3.1.13　优化数据块保持性设置

如图 3.1.14 所示，在 PLC 程序中显示数据块的信息。

"数据块_1".启动
"数据块_1".停止
%Q0.0
"Tag_1"
%Q0.0
"Tag_1"

图 3.1.14　程序中显示数据块的信息

特别注意：S7－1200 系列 PLC 如果有以下应用，必须使用标准数据块。

1）与其他 CPU 建立 S7 单边通信（PUT/GET）时，用于存储发送区数据和接收区数据的数据块。

2）与 WinCC V7.2 进行 HMI 连接时，WinCC V7.2 访问 S7－1200 CPU 的数据块。

3）使用 Simatic Net V8.2 与 S7－1200 系列 PLC 进行 OPC 连接时，OPC 服务器

访问 S7 - 1200 CPU 的数据块。

思 考 与 练 习

1. 数据块的作用是什么？
2. 详细表述 "Array0..6 of IEC_Counter" 的意义。
3. 标准数据块与优化数据块哪个出错概率大？为什么？

任务 3.2　子程序控制

 学习目标

1. 知道函数 FC、函数块 FB。
2. 会使用函数 FC、函数块 FB。
3. 会 PLC 与输入部件、控制部件的接线。
4. 会 PLC 编程设计。

在实际生产中，当自动化工程项目大、控制功能多、程序比较复杂时，一般都会分模块、分层级进行程序设计，把模块或层级分割成相应的子程序，便于项目的管理（安装、调试、管理等），使得整个程序的执行效率提高、可读性增强。

子程序在主程序 Main（OB）里面调用。子程序除可以直接调用外，还可以根据需要进行参数传送。

子程序分为函数 FC、函数块 FB 两种。

3.2.1　函数 FC

FC 是不含存储区的代码块，具有小巧灵活的优点，且对于非多次调用的程序来说更易理解、不占用额外的存储资源。其主要用于执行特定的运算，或者使用位逻辑指令执行的独立控制。FC 可以在程序的不同位置多次调用。对于重复发生的任务或动作，利用 FC 可以实现简化程序的效果。可以建立带形参的 FC，也可以建立不带形参的 FC。

1. 创建函数 FC 块

在项目树中找到 "PLC _ 1" 文件夹，双击 "添加新块"，然后选择 FC 块，就可以新增一个 FC 块。可以对这个块进行命名，选择块中程序的设计语言，以及分配这个块的编号。块编号可以由系统自动分配，也可以手动分配。创建函数 FC 块的方法如

图 3.2.1 所示。

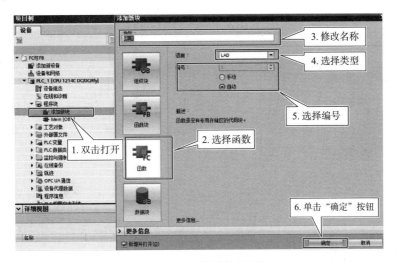

图 3.2.1　创建函数 FC 块

2. 函数 FC 直接调用

函数直接调用，调用的是整个程序块，程序块里是什么地址，就对应什么地址，没有参数传送，不能重复性调用。

以下以一台三相交流异步电动机具有点动控制与连续运行控制功能的简单示例，介绍函数 FC 直接调用。

1）根据控制要求，按照函数 FC 块的创建方式建立点动控制、连续运行两个子程序块，如图 3.2.2 所示。

2）在主程序 Main［OB1］中编写程序。在设置好条件后直接把相应的子程序拖入即可，如图 3.2.3 所示。

3）双击"点动控制［FC1］"块，在块中根据控制要求编写子程序，如图 3.2.4 所示。

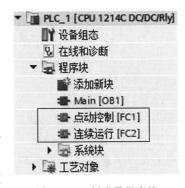

图 3.2.2　创建子程序块

程序段 1 : ……

```
    %I0.0              %FC1
  "选择开关"          "点动控制"
    ┤ ├            EN        ENO
```

程序段 2 : ……

```
    %I0.0              %FC2
  "选择开关"          "连续运行"
    ┤/├            EN        ENO
```

图 3.2.3　主程序

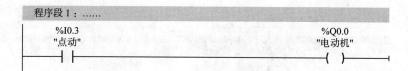

图 3.2.4　点动控制子程序中程序

4）双击"连续运行［FC2］"块，在块中根据控制要求编写子程序，如图 3.2.5
所示。

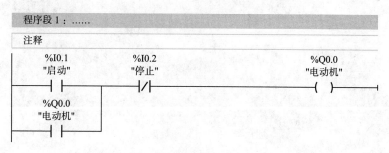

图 3.2.5　连续运行子程序中程序

3. 函数 FC 多重调用

在很多应用场合，需要对同一功能进行重复性调用，此时就需要参数传送。

以两台三相交流异步电动机具有相同的控制功能，可以选择直接启动控制和延时
启动控制的简单示例，介绍函数 FC 多重调用。

1）根据控制要求，按照函数 FC 块的创建方式，建立电动机的直接启动、延时启
动两个子程序块。

2）编写 FC 程序块。

① 分别双击"直接启动［FC1］"块、"延时启动［FC2］"块，进入子程序块，
单击块中"注释"下方的倒三角符号▼，展开局域变量表，如图 3.2.6 所示。展开后
的局域变量表如图 3.2.7 所示。

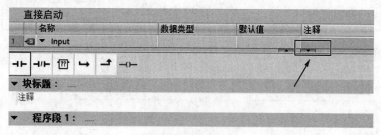

图 3.2.6　展开变量表

FC 变量表中所有的变量都是局域变量，只能在 FC 块中使用。其变量参数说明
如下。

Input：输入形参，执行时先把实参值赋给 Input 形参。

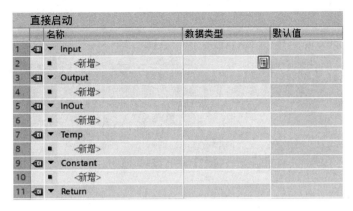

图 3.2.7　展开后的变量表

Output：输出形参，执行完毕把 Output 形参赋给实参。

InOut：输入/输出形参，执行时先把实参值赋给 InOut 形参，执行完毕后把新的 InOut 形参返回给实参。

Temp：临时变量，用于存放中间过程变量，每个扫描周期都会清零。

Constant：常量，用来存储固定的数值，不可改变，如 3.14。

Return：返回值，包含返回值 Ret＿Val，类型为 Void 时没有返回值，用于返回状态、故障代码等。

运用比较多的是 Input、Output、InOut、Temp 四个变量。

② 填写接口参数。在变量表中根据实际需要填写（编写）接口参数。"直接启动 [FC1]"块内容如图 3.2.8 所示。"延时启动 [FC2]"块内容如图 3.2.9 所示。填写完成后，单击表中最下方的三角符号▲收起变量表。

图 3.2.8　填写"直接启动 [FC1]"　　　图 3.2.9　填写"延时启动 [FC2]"
块接口参数　　　　　　　　　　　　块接口参数

③ 在"直接启动 [FC1]"块中根据控制要求编写直接启动子程序，如图 3.2.10 所示。

注意：如果"输出"要实现自锁，一定要在填写接口参数时用 InOut 参数，如图 3.2.8 中所示，否则不能实现自锁。

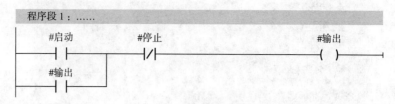

图 3.2.10 直接启动子程序中程序

④ 在"延时启动 [FC2]"块中根据控制要求编写延时启动子程序,如图 3.2.11 所示。

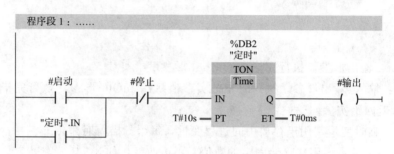

图 3.2.11 延时启动子程序中程序

⑤ 在主程序 Main [OB1] 中编写程序。在设置好条件后直接把相应的子程序拖入即可,如图 3.2.12 所示。

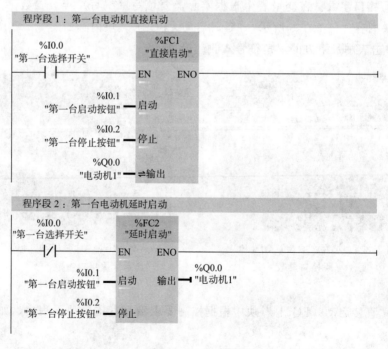

图 3.2.12 主程序

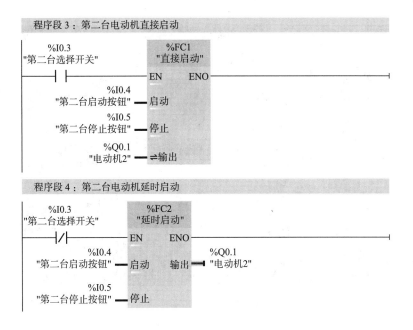

图 3.2.12　主程序（续）

从示例中可以知道，函数 FC 带参数重复性调用，大大提高了编程的时效性、可读性。

需要注意的是，子程序中的"♯启动"、"♯停止"、"♯输出"等，使用的是块中参数变量表中的变量（形参），没有操作元件，而在主程序中的如"第一台启动按钮"等，使用的是 PLC 变量表中的变量（实参），有具体操作元件。

3.2.2　函数块（FB）

函数块具有以下优点：易于复制，对于相同控制逻辑下不同参数的被控对象，只要使用不同的背景数据块，就可以用同一个函数块方便地完成；多重背景，减少重复工作，提高效率；多次调用时参数修改方便；有独立的存储区等。

以三相交流异步电动机连续运行控制的简单示例，介绍函数块调用。

1）在项目树中找到"PLC _ 1"文件夹，双击"添加新块"，然后选择函数块，就可以新增一个函数块了。可以对这个块进行命名，选择块中程序的设计语言，以及分配这个块的编号。块编号可以由系统自动分配，也可以手动分配，如图 3.2.13 所示。

2）编写函数块的程序块。

① 双击"连续运行［FB1］"块，进入程序块，单击块中"注释"下方的倒三角符号▼，展开局域变量表，在变量表中根据实际需要填写（编写）接口参数。"连续运行［FB1］"块内容如图 3.2.14 所示。填写完成后，单击表中最下方的三角符号▲，收起变量表。

根据工程实际需要，图 3.2.14 中注 1 选择"保持"或"非保持"（本示例全部选择"非保持"），注 2 勾选或不勾选（本示例全部选择不勾选）。

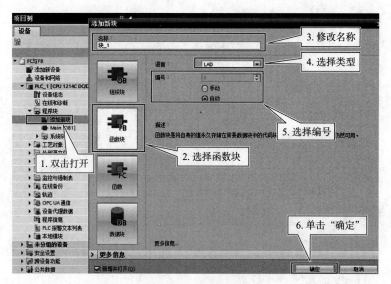

图 3.2.13　创建函数块

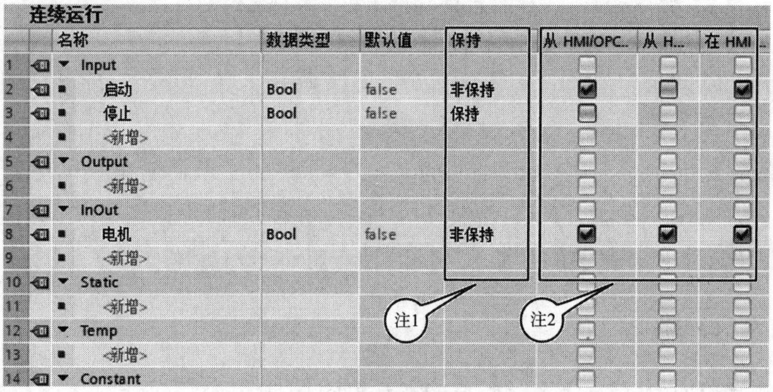

图 3.2.14　填写函数块接口参数

函数块变量表中所有的变量都是全局变量，在任何程序中都可以使用。其变量参数说明如下。

Input：输入形参，执行时先把实参值赋给 Input 形参。

Output：输出形参，执行完毕，把 Output 形参赋给实参。

InOut：输入/输出形参，执行时先把实参值赋给 InOut 形参，执行完毕后把新的 InOut 形参返回给实参。

Static：静态变量，可作内部存储区使用。

Temp：临时变量，用于存放中间过程变量，每个扫描周期都会清零。

Constant：常量，用来存储固定的数值，不可改变。

② 在块中根据控制要求编写连续运行程序，如图 3.2.15 所示。

③ 在主程序 Main［OB1］中编写程序。在设置好条件后直接把建立好的"连续运行［FB1］"块拖到相应的位置，此时会弹出如图 3.2.16 所示的数据块"调用选项"

对话框，单击"确定"按钮即可。

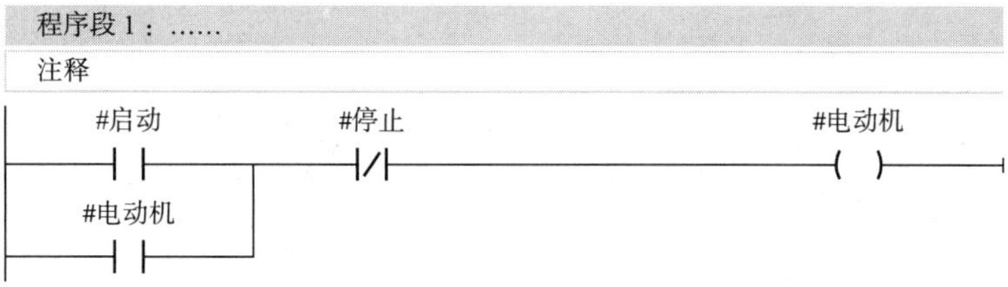

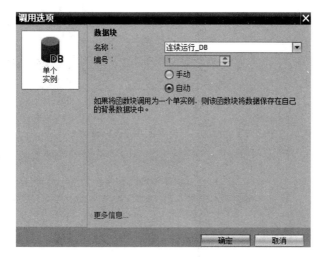

图 3.2.15　函数块中程序

图 3.2.16　数据块"调用选项"对话框

单击"确定"按钮后，会生成如图 3.2.17 所示的主程序段。程序块中的 false，根据工程实际情况，选择是否输入具体操作数（本示例输入具体操作数）。例如，HIM（触摸屏）操作控制就不需要输入具体操作数，由 HIM 读写地址。

图 3.2.17　主程序段

每调用一次函数块，都会自动生成一个数据块。示例中调用了两次函数块，如图 3.2.18 所示。

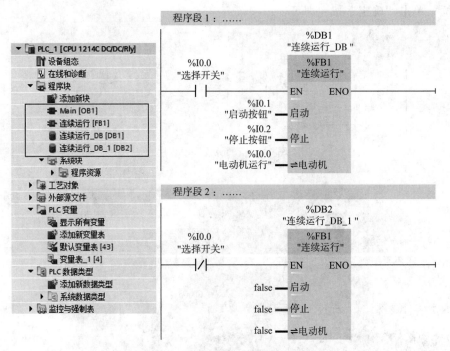

图 3.2.18 主程序中调用两次函数块

3.2.3 函数 FC 与函数块的相关说明

1. 函数 FC 与函数块的主要区别

1）函数块使用背景数据块作为存储区；函数 FC 没有独立的存储区，使用全局数据块或 M 区。

2）函数块的局部变量有 Static（静态变量）和 Temp（临时变量）；函数 FC 由于没有自己的存储区，不具有 Static，Temp 本身不能设置初始值。

2. 函数 FC 与函数块的使用选择

本质上，函数 FC 与函数块实现的目的是相同的。无论何种逻辑要求，函数 FC、函数块均可实现，只是实现方式和效率不同。也可以通俗地理解为：函数 FC 使用的是共享数据块，函数块使用的是背景数据块。

在编程过程中需要调用子程序时，到底用函数块还是函数 FC，要根据实际情况确定，因为二者各有优点。

如果调用的子程序没有用到声明变量表参数，是纯粹的子程序，程序中的变量全部是全局变量，则用函数 FC 较方便。

如果需要用到声明变量表参数，中间变量不多，程序比较简单，调用次数也不多，则既可以用函数 FC 也可以用函数块。

如果需要用到声明变量表参数，除了输入输出外，中间变量也较多，特别是调用次数也较多，用函数块更好、更方便。

3. 临时变量使用注意事项

临时变量 Temp 可以在组织块（OB）、函数 FC 和函数块中使用，当块执行时它们被用来临时存储数据，一旦块执行结束，堆栈的地址将被重新分配给其他程序块使用，此地址上的数据不会被清零，直到被其他程序块赋予新值。

使用临时变量 Temp 时，需要遵循"先赋值、再使用"的原则，不能先使用再赋值。临时变量 Temp 不适用于自锁线圈，也不适用于上升沿和下降沿。

3.2.4　编程实例

图 3.2.19 为运料小车运行控制示意图。当小车处于左端（SQ1）位置时，按下前进启动按钮，小车前进，前进到装料位置（SQ2），料斗门打开装料，10s 后关闭料斗门，小车后退，后退到卸料位置（SQ1），打开车底门卸料，7s 后关闭车底门，完成一次动作。

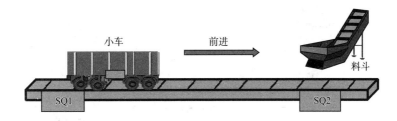

图 3.2.19　运料小车运行控制示意图

要求运料小车有以下几种工作方式：

① PLC 上电，小车自动回到卸料位置（SQ1）。

② 手动操作运行。

③ 单周期运行，即按下启动按钮，小车往复运行一次后停在卸料位置（SQ1），等待下次启动。

④ 连续运行，即按下启动按钮，小车自动往复运行，直到按下停止按钮。

1）任务分析。根据工作方式要求，需要回原点、手动控制、单周期控制、自动控制 4 个控制子程序，有 6 个输入点、4 个输出点。

2）绘制 I/O 地址分配表和 I/O 接线图。I/O 地址分配表见表 3.2.1，I/O 接线图如图 3.2.20 所示。

表 3.2.1　运料小车控制 I/O 地址分配表

输入			输出		
输入元件	输入地址	定义	输出元件	输出地址	定义
SB1	I0.0	前进启动按钮	KM1	Q0.0	前进控制接触器
SB2	I0.1	后退启动按钮	KM2	Q0.1	后退控制接触器

续表

输入			输出		
输入元件	输入地址	定义	输出元件	输出地址	定义
SB3	I0.2	停止按钮	YV1	Q0.2	装料电磁阀
SA-1	I0.3	手动控制	YV2	Q0.3	卸料电磁阀
SA-2	I0.4	单周期控制			
SA-3	I0.5	自动控制			
SQ2	I0.6	前进到位			
SQ1	I0.7	后退到位			
SB4	I1.0	手动装料			
SB5	I1.1	手动卸料			

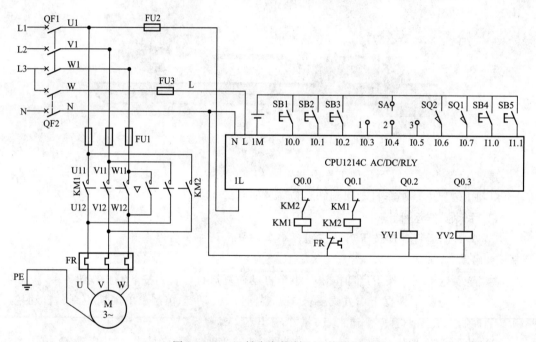

图 3.2.20　运料小车控制 I/O 接线图

3）根据 I/O 接线图完成 PLC 与外接输入元件和输出元件的接线。

4）根据 I/O 地址分配表编写变量表，如图 3.2.21 所示。

5）编写程序。

① 因不需要重复功能调用，可以建立 4 个直接调用子程序的 FC 函数。编写主程序，参考程序如图 3.2.22 所示。

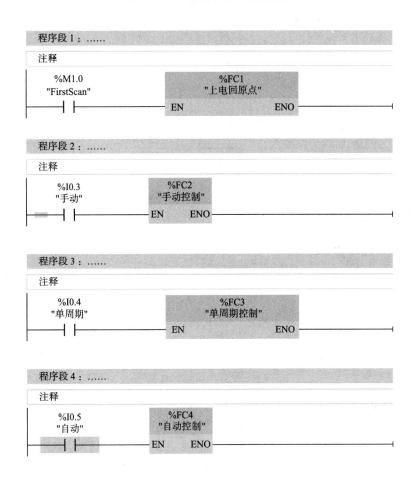

图 3.2.21　运料小车控制变量表

图 3.2.22　运料小车控制参考主程序

② 编写上电回原点子程序，参考程序如图 3.2.23 所示。

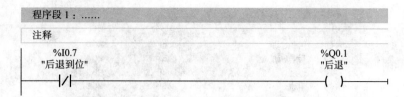

图 3.2.23　运料小车回原点控制参考子程序

③ 编写手动控制子程序，参考程序如图 3.2.24 所示。

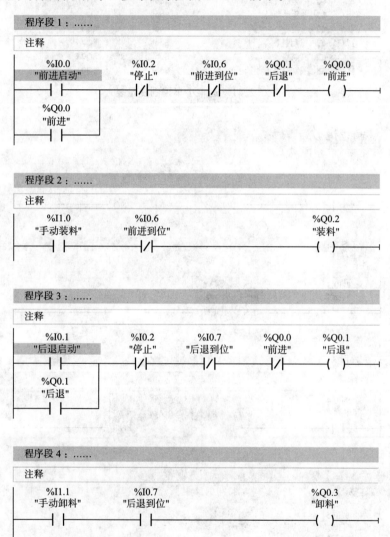

图 3.2.24　运料小车手动控制参考子程序

④ 编写单周期控制子程序，参考程序如图 3.2.25 所示。

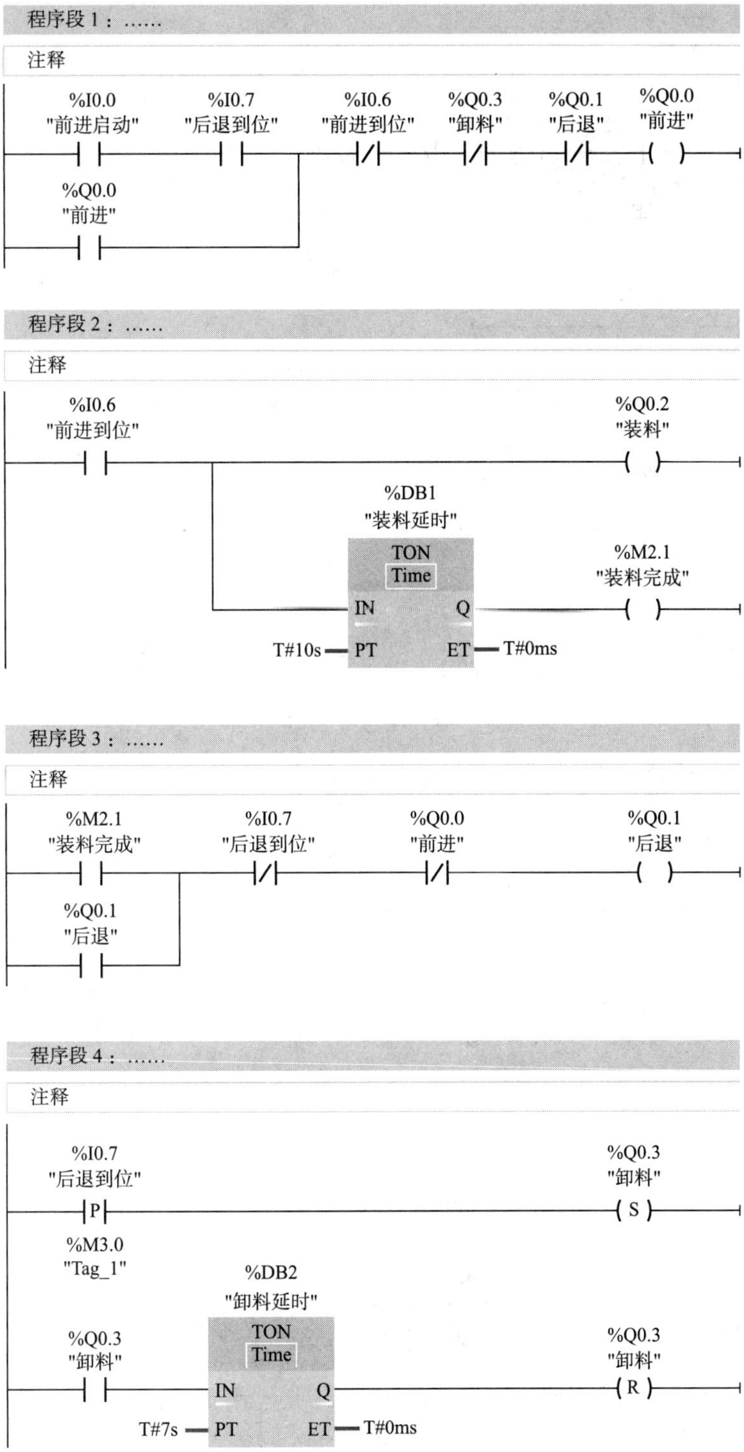

程序段 1：……

注释

```
 %I0.0      %I0.7      %I0.6      %Q0.3     %Q0.1     %Q0.0
"前进启动"  "后退到位"  "前进到位"   "卸料"    "后退"     "前进"
  ┤├        ┤├         ┤/├       ┤/├       ┤/├       ( )
 %Q0.0
 "前进"
  ┤├
```

程序段 2：……

注释

```
 %I0.6                                               %Q0.2
"前进到位"                                           "装料"
  ┤├                                                 ( )
                            %DB1
                          "装料延时"
                            TON                     %M2.1
                            Time                   "装料完成"
                          IN      Q                  ( )
                  T#10s ─ PT     ET ─ T#0ms
```

程序段 3：……

注释

```
 %M2.1      %I0.7      %Q0.0                         %Q0.1
"装料完成"  "后退到位"   "前进"                       "后退"
  ┤├        ┤/├        ┤/├                          ( )
 %Q0.1
 "后退"
  ┤├
```

程序段 4：……

注释

```
 %I0.7                                               %Q0.3
"后退到位"                                           "卸料"
  ┤P├                                                ( S )
 %M3.0
 "Tag_1"
                           %DB2
                         "卸料延时"
 %Q0.3                     TON                       %Q0.3
 "卸料"                    Time                      "卸料"
  ┤├                     IN      Q                   ( R )
                 T#7s ─ PT     ET ─ T#0ms
```

图 3.2.25　运料小车单周期控制参考子程序

⑤ 编写自动控制子程序，参考程序如图 3.2.26 所示。

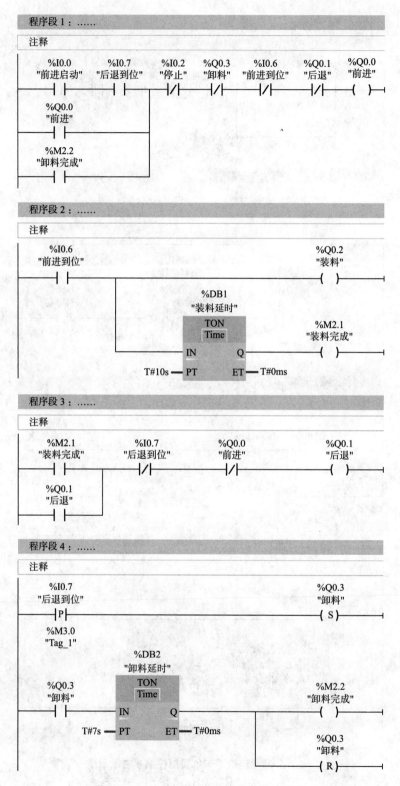

图 3.2.26　运料小车自动控制参考子程序

注意事项：

① 初学编程，应根据工艺要求，逐个实现功能，不要急于求成，以免程序中出现过多的错误，修改困难。

② 编程时，外部硬件需要实现联锁功能的，在程序内软元件也应当实现联锁。

③ 变量表中的地址一定要与 I/O 接线图中的地址对应，否则会造成程序不能正常运行。

6）将编写好的程序编译下载到 PLC。

7）运行调试。

3.2.5　实训操作

（1）实训目的

熟练使用位逻辑指令，根据工艺控制要求，掌握 PLC 的编程方法和调试方法，能够使用 PLC 解决实际问题。

（2）实训设备

实训设备包括计算机、S7-1200 可编程控制器、开关板（600mm×600mm）、熔断器、交流接触器、热继电器、组合开关、按钮、导线等。

（3）任务要求

根据图 3.2.19 所示运料小车运行控制要求，在规定时间内用函数块正确完成 PLC 运料小车运行控制。

（4）注意事项

1）通电前，必须在指导教师的监护和允许下进行。

2）要做到安全操作和文明生产。

（5）评分

评分细则见评分表。

"运料小车运行控制实训操作" 技能自我评分表

项目	技术要求	配分/分	评分细则	评分记录
工作前准备	清点实训操作所需的设备器件	5	每漏检或错检一件，扣 1 分	
绘制 I/O 地址分配表和接线图	正确绘制 I/O 地址分配表和接线图	5	地址遗漏，每处扣 1 分 接线图绘制错误，每处扣 1 分	
安装接线	按照 PLC 控制 I/O 接线图，正确、规范安装线路	20	线路布置不整齐、不合理，每处扣 2 分 接线不规范，每根扣 0.5 分 不按 I/O 接线图接线，每处扣 5 分 损坏元件，每个扣 5 分	

续表

项目	技术要求	配分/分	评分细则	评分记录
程序设计	1. 按照控制要求设计梯形图 2. 将程序熟练写入PLC中	40	不能正确达到功能要求，每处扣5分	
			地址与I/O分配表和接线图不符，每处扣5分	
			不会将程序写入PLC中，扣10分	
			将程序写入PLC中不熟练，扣10分	
运行调试	正确运行调试	10	不会联机调试程序，扣10分 联机调试程序不熟练，扣5分 不会监控调试，扣5分	
清洁	设备器件、工具摆放整齐，工作台清洁	10	乱摆放设备器件、工具，乱丢杂物，完成任务后不清理工位，扣10分	
安全生产	安全着装，按操作规程安全操作	10	没有安全着装，扣5分 操作不规范，扣5分 出现事故，总分计0分	
额定工时 240min	超时，此项从总分中扣分		每超过5min，扣3分	

思 考 与 练 习

1. 函数 FC 与函数块的主要区别是什么？

2. 临时变量使用注意事项有哪些？

任务 3.3　高速计数器

 学习目标

1. 会高速计数器组态。

2. 会使用高速计数器控制指令 CTRL_HSC。

3. 会使用中断连接指令 ATTACH。

4. 会编码器接线。

5. 会 PLC 编程设计。

高速计数器除用来计数外，还可用来进行频率测量，与增量型旋转编码器连接测量产品长度，用户通过对硬件组态和调用相关指令块使用此功能。

　　S7－1200 系列 PLC 的 CPU 提供了最多 6 个高速计数器（HSC1～HSC6），以其独立 CPU 的扫描周期进行计数。

3.3.1　高速计数器的基本使用

（1）启用计数器

右击"项目树"的"PLC＿1"文件夹，弹出下拉菜单，在菜单中选择"属性"命令，如图 3.3.1 所示。

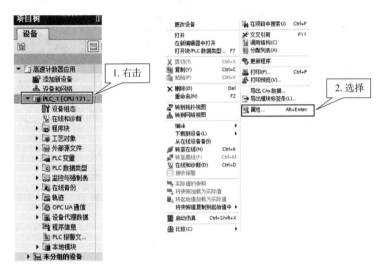

图 3.3.1　打开"属性"对话窗口

　　弹出如图 3.3.2 所示的对话框后，在常规菜单栏中选择展开高速计数器（HSC1～HSC6），在选择展开的高速计数器中选择"常规"，然后勾选"启用该高速计数器"复选框。

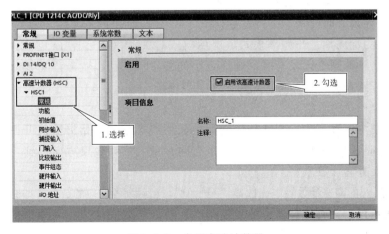

图 3.3.2　启用高速计数器

（2）选择功能

在选择展开的高速计数器中选择"功能"，然后按照以下顺序设定相应需要的功能，如图 3.3.3 所示。

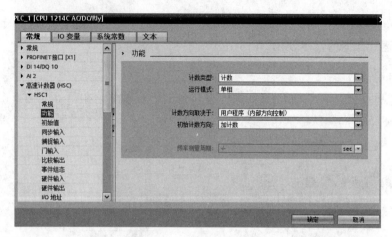

图 3.3.3　选择功能

1）计数类型：其下拉列表中有计数、周期、频率、Motion Control（运动控制）四个选项。

2）运行模式：其下拉列表中有单相、两相位、A/B 计数器、AB 计数器四倍频四个选项。

单相：只有一个计数端子，计数方向由程序设定或由外部输入端子决定。

两相位：有两个计数端子，一个增（加）计数，另一个减计数。

A/B 计数器：有两个计数端子，一个为 A 相，另一个为 B 相，A、B 相互作用完成增减计数。

AB 计数器四倍频：和 A/B 计数器一样，但计数为四倍的数值。

3）计数方向取决于：该功能只与单相计数有关，取决于是用户程序（内部方向控制）还是输入（外部方向控制）。

4）初始计数方向：其下拉列表中有加计数、减计数两个选项。

5）频率测量周期：与频率模式、周期模式有关，只能选择 1s、0.1s、0.01s。一般情况下，当脉冲频率比较高时，选择更小的测量周期可以更新得更及时；当脉冲频率比较低时，选择更大的测量周期可以测量更准确。

（3）设定初始值

如果组态为计数模式，则计数启动后，使用组态中的初始计数值开始计数，当计数正方向达到上限后再继续从下限开始正方向计数，当计数反方向达到下限后再继续从上限开始反方向计数。

在选择展开的高速计数器中，选择"初始值"，然后设置相应的数值，如图 3.3.4 所示。

参考值相当于普通计数器中的设定值（PV），当前值等于参考值时，就会接通输出或产生中断事件。

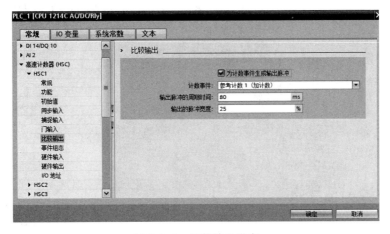

图 3.3.4　初始值设定

（4）同步输入、捕捉输入、门输入

这三项可根据需要进行选择，非必须选择项。需要注意的是，如果勾选，除选择相应的信号（条件）外，还需要在"硬件输入"中选择对应的输入信号端子。

同步输入：其实质是一个外部复位高速计数器的信号。

捕捉输入：执行锁存功能，把当前值存入对应的背景数据块中。

门输入：使能信号，输入后计数器才能计数。

（5）比较输出

在选择展开的高速计数器中，选择"比较输出"，然后设置相应的条件和数值，如图 3.3.5 所示。

比较输出是把当前值与参考值比较，比较输出决定"比较事件"中的条件，条件比较不需要程序。以在图 3.3.5 中设定数值介绍"计数事件"中条件的含义。

图 3.3.5　比较输出设定

参考计数 1（加计数）：在增计数时，当前值＝参考值 1 时，输出一个周期为 80ms、宽度为 20（设定值是 25％，宽度＝80ms×25％）的脉冲。

参考计数 1（减计数）：在减计数时，当前值＝参考值 1 时，输出一个周期为 80ms、宽度为 20 的脉冲。

参考计数 1（加/减计数）：无论是增计数还是减计数，当前值＝参考值 1 时，都输出一个周期为 80ms、宽度为 20 的脉冲。

参考计数 2（加计数）：在增计数时，当前值＝参考值 2 时，输出一个周期为 80ms、宽度为 20（设定值是 25％，宽度＝80ms×25％）的脉冲。

参考计数 2（减计数）：在减计数时，当前值＝参考值 2 时，输出一个周期为 80ms、宽度为 20 的脉冲。

参考计数 2（加/减计数）：无论是增计数还是减计数，当前值＝参考值 2 时，都输出一个周期为 80ms、宽度为 20 的脉冲。

上溢：当前值超出上限 2147483647 时，输出。

下溢：当前值超出下限－2147483647 时，输出。

（6）事件组态

如果需要在高速计数器的某些情况下迅速做出反应，可以使用高速计数器的事件功能，该功能将触发相应的硬件中断，在硬件中断中编写相关工艺程序实现迅速反应。高速计数器支持计数值等于参考值 1（仅支持计数模式）、同步事件（仅支持计数模式）、方向信号改变（仅支持单相模式外部方向信号）三种事件，使用哪一个事件即勾选该事件及对应硬件中断，然后在中断中编写程序，如图 3.3.6 所示。

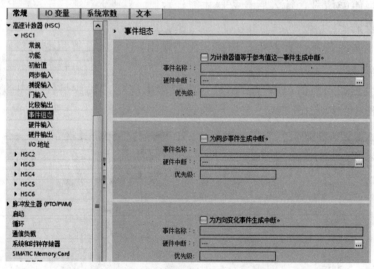

图 3.3.6　事件组态

（7）硬件输入

在选择展开的高速计数器中选择"硬件输入"，可以自由选择对应的输入端子（硬件输出相同），如图 3.3.7 所示。

特别注意：

1）当某个输入点定义为高速计数器的输入点时，这个点就不能再用于其他功能。但在某个模式下，没有用到的输入点还可以用于其他功能的输入。

2）如果滤波时间过大，输入脉冲将被过滤，计数不准确，或者计不到数，因而要把对应的输入端子的滤波时间改到比输入脉冲宽度小。

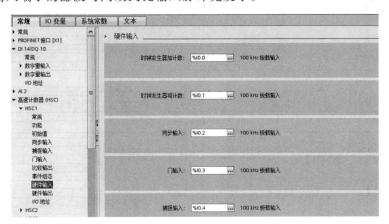

图 3.3.7 硬件输入设定

如图 3.3.7 中 I0.0 的脉冲为 100kHz，滤波时间则为 $T = 1/f - 1/100\mathrm{kHz} - 0.00001\mathrm{s} = 10\mathrm{microsec}$（$1\mathrm{s} = 1000000\mu\mathrm{s}$），这就需要把默认的 6.4millisec（毫秒）修改为小于或等于 10microsec（微秒）。

修改方法如图 3.3.8 所示，选择"数字量输入"→"通道 0"→"输入滤波器"→把 6.4millisec 修改为 10microsec→单击"确定"按钮。

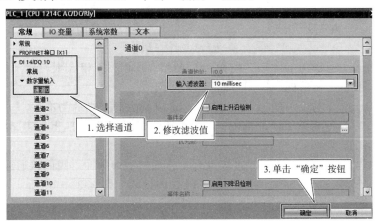

图 3.3.8 修改滤波值

（8）I/O 地址

CPU 将每个高速计数器的测量值存储在输入过程映像区内，数据类型为 32 位双整型有符号数，用户可以在设备组态中修改这些存储地址，在程序中可直接访问这些地址。建议使用默认地址。表 3.3.1 所示为高速计数器默认地址表。

由于过程映像区受扫描周期影响，在一个扫描周期内，高速计数器的计数值不会发生变化，但高速计数器中的实际值有可能会在一个周期内变化，用户可通过读取外设地址的方式读取到当前时刻的实际值。

表 3.3.1　高速计数器默认地址表

高速计数器号	数据类型	默认地址
HSC1	DInt	ID1000
HSC2	DInt	ID1004
HSC3	DInt	ID1008
HSC4	DInt	ID1012
HSC5	DInt	ID1016
HSC6	DInt	ID1020

高速计数器组态完成后，编译下载到 PLC 中，即可生效。

3.3.2　编码器

编码器是一种将旋转位移转换成一串数字脉冲信号的旋转式传感器，这些脉冲能用来控制角位移；如果编码器与齿轮条或螺旋丝杠结合在一起，也可用于测量直线位移。编码器主要应用在机床、材料加工、电动机反馈系统及测量和控制设备中，其外观与引线如图 3.3.9 所示。

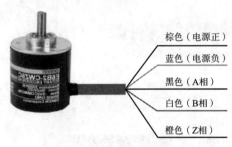

图 3.3.9　编码器外观与引线

棕色（电源正）
蓝色（电源负）
黑色（A 相）
白色（B 相）
橙色（Z 相）

编码器每旋转一周（圈）就输出相应的脉冲，每转一周输出多少个脉冲取决于分辨率，分辨率一般有 100p/r、500p/r、1000p/r、1024p/r 等。

编码器引出线通常为电源正、电源负、A 相、B 相、Z 相 5 根，用不同颜色区分，不同的制造商颜色定义不同，以制造商提供的为准。

编码器工作电源电压一般为 DC 24V，具体以制造商提供的为准。

A 相与 B 相脉冲相差 1/4 周期（90°）。正转时，A 相超前 B 相 1/4 周期；反转时，B 相超前 A 相 1/4 周期。

Z 相是编码器每旋转一周，经过零点时，会发出一个脉冲（瞬间接通或断开一次）。

编码器有 PNP 和 NPN 两种输出，与 PLC 的接线如图 3.3.10 所示。

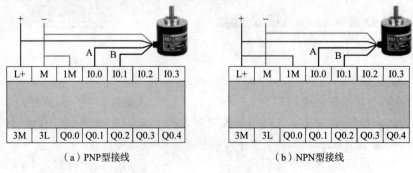

（a）PNP型接线　　　　　　　　　　（b）NPN型接线

图 3.3.10　编码器接线示意图

3.3.3　高速计数器控制指令 CTRL ＿ HSC

利用控制指令 CTRL ＿ HSC 可以控制高速计数器的运行，改变高速计数器计数方向、参考值等。该指令的位置如图 3.3.11 所示。

CTRL ＿ HSC 指令没有直接的地址号，需要定义，定义的方法与普通计数器一样，其实质是一个背景数据块。该指令如图 3.3.12 所示，参数及数据类型见表 3.3.2。

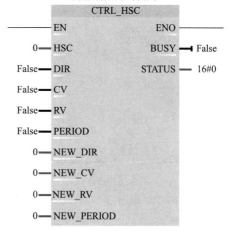

图 3.3.11　高速计数器控制指令位置　　　　图 3.3.12　CTRL ＿ HSC 指令

表 3.3.2　CTRL ＿ HSC 指令参数及数据类型

参数	数据类型	说明
HSC	HW ＿ HSC	要控制的高速计数器编号
DIR	Bool	启用新计数方向
CV	Bool	启用新的当前值
RV	Bool	启用新的参考值
PERIOD	Bool	启用新的频率测量周期（仅限频率测量模式）
NEW ＿ DIR	Int	新方向：1＝增计数；－1＝减计数
NEW ＿ CV	DInt	新当前值
NEW ＿ RV	DInt	新参考值
NEW ＿ PERIOD	Int	新的周期值（仅限频率测量模式）
BUSY	Bool	功能忙
STATUS	Word	执行条件代码

3.3.4　硬件中断连接指令 ATTACH

硬件中断连接指令 ATTACH 为硬件中断事件指定一个组织块。

在 OB ＿ NR 参数中输入组织块的符号或数字名称，随后将其分配给 EVENT 参数

图 3.3.13　ATTACH 指令位置

中指定的事件。在 EVENT 参数处选择硬件中断事件。如果在成功执行 ATTACH 指令后发生了 EVENT 参数中的事件，则将调用 OB_NR 参数中的组织块并执行其程序。

如果 ADD 参数的值为 0，则现有指定将替换为最新指定。

ATTACH 指令位置如图 3.3.13 所示。

ATTACH 指令如图 3.3.14 所示，参数及数据类型见表 3.3.3。

示例：使用比较中断方式实现如图 3.3.15 所示的位置指示。当编码器计数到 1000 位置时，点亮 Q0.0；到 3000 位置时，点亮 Q0.1，熄灭 Q0.0；到 5000 位置时，点亮 Q0.2，熄灭 Q0.1；返回到 0 位置时，全部熄灭。

由控制要求可知，有四个中断事件，分别是当前值＝0、1000、3000、5000，所以，要有四个硬件中断程序组织块 OB，产生对应的中断事件时，调用对应的处理程序。在调用中断的同时要设定新的参考值，并重新连接中断程序。

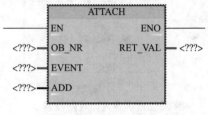

图 3.3.14　ATTACH 指令

表 3.3.3　ATTACH 指令参数及数据类型

参数	数据类型	说明
OB_NR	OB_ATT	指定组织块
EVENT	EVENT_ATT	分配给组织块的硬件中断事件
ADD	Bool	对先前分配的影响：ADD＝0（默认值），该事件将取代先前为此组织块分配的所有事件；ADD＝1，该事件将添加到此组织块之前的事件分配中
RET_VAL	Int	指令状态

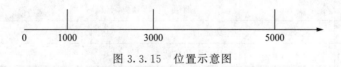

图 3.3.15　位置示意图

（1）建立四个硬件中断（Hardware interrupt）组织块

双击"添加新块"，弹出如图 3.3.16 所示的对话框，在对话框中选中"组织块"，再选中"Hardware interrupt"，根据需要修改名称，单击"确定"按钮。依次添加完成四个硬件中断组织块，如图 3.3.17 所示。

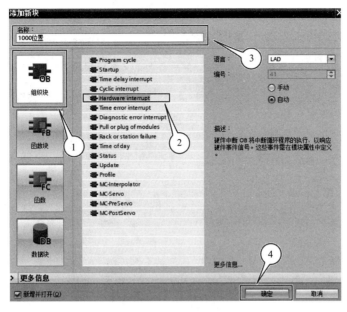

图 3.3.16   添加组织块

图 3.3.17   添加完成硬件中断组织块

（2）组态高速计数器

1）常规设置。勾选"启用该高速计数器"复选框，如图 3.3.18 所示。

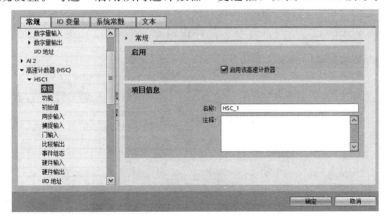

图 3.3.18   常规设置

2）功能设置。把"计数类型"设置为"计数"，"运行模式"设置为"A/B 计数器"，"初始计数方向"设置为"加计数"，如图 3.3.19 所示。

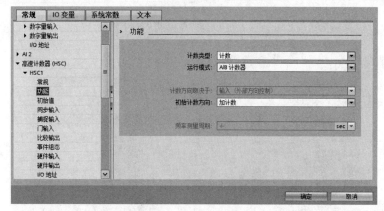

图 3.3.19　功能设置

3）初始值设置。把"初始参考值"设置为"1000"，如图 3.3.20 所示。

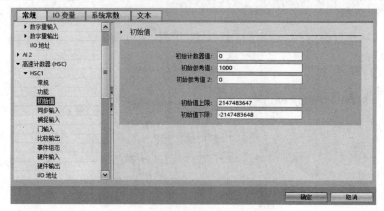

图 3.3.20　初始值设置

4）事件组态设置。勾选"为计数器值等于参考值这一事件生成中断"复选框，把"硬件中断"设置为"1000 位置"（建立的硬件中断组织块），如图 3.3.21 所示。

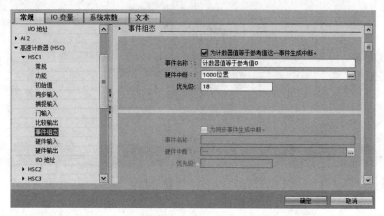

图 3.3.21　事件组态设置

5）硬件输入设置。如图 3.3.22 所示。

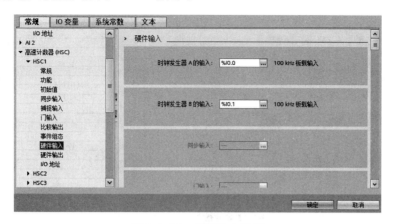

图 3.3.22　硬件输入设置

6）I/O 地址设置。如图 3.3.23 所示。

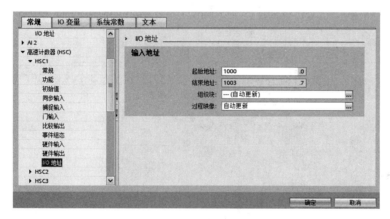

图 3.3.23　I/O 地址设置

7）修改输入滤波。选择"数字量输入"→"通道 0"（I0.0）、"通道 1"（I0.1）→
"输入滤波器"→把 6.4millisec 修改为 10microsec→单击"确定"按钮。

（3）设计中断事件子程序

1）创建数据块。按照创建数据块的方式创建一个数据块，示例中只需一个变量
值，所以在数据块中设置一个变量即可，如图 3.3.24 所示。

图 3.3.24　创建数据块

2）设计中断事件1000位置的子程序。在这个子程序中要点亮Q0.0，把参考值改为3000，并重新连接中断程序。子程序如图3.3.25所示。

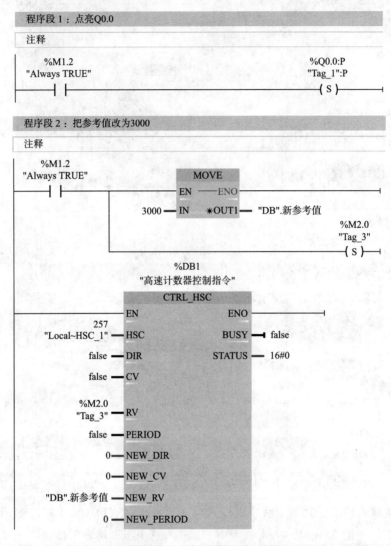

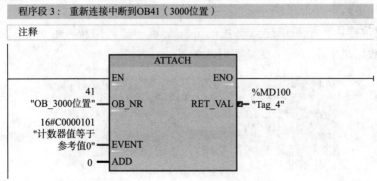

图3.3.25　中断事件1000位置的子程序

程序中"％Q0.0：P"的"：P"表示立即执行，不需要等待一个扫描周期。

3）设计中断事件 3000 位置的子程序。在这个子程序中要点亮 Q0.1 熄灭 Q0.0，把参考值改为 5000，并重新连接中断程序。子程序如图 3.3.26 所示。

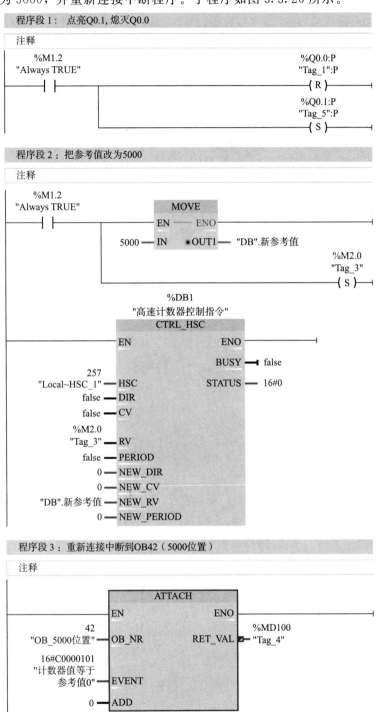

图 3.3.26　中断事件 3000 位置的子程序

4）设计中断事件 5000 位置的子程序。在这个子程序中要点亮 Q0.2 熄灭 Q0.1，把参考值改为 0，并重新连接中断程序。子程序如图 3.3.27 所示。

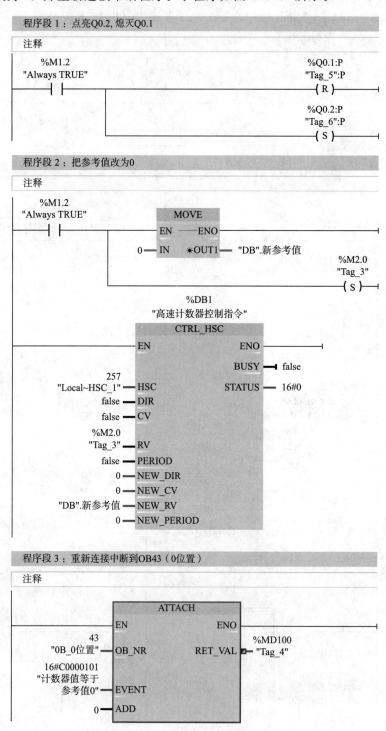

图 3.3.27　中断事件 5000 位置的子程序

5）设计中断事件 0 位置的子程序。在这个子程序中要全部熄灭，把参考值改为 1000，并重新连接中断程序。子程序如图 3.3.28 所示。

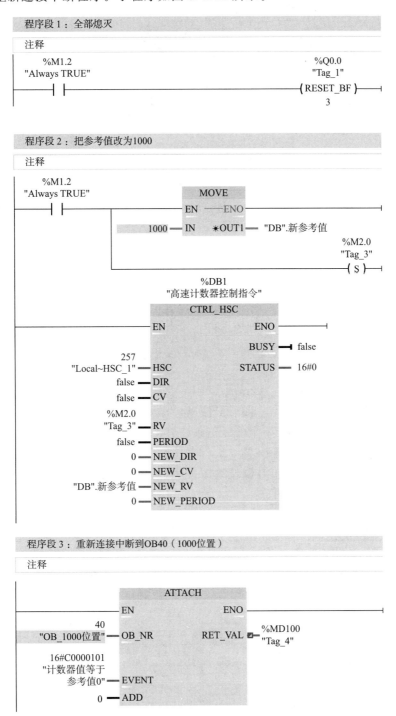

图 3.3.28   中断事件 0 位置的子程序

3.3.5 编程实例

如图 3.3.29 所示为孔加工定位控制示意图。

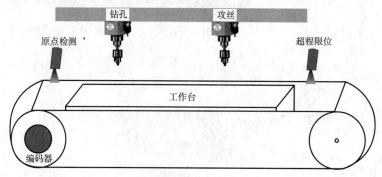

图 3.3.29 孔加工定位控制示意图

工艺要求：工作台在原点位置，按下启动按钮，工件自动夹紧（Q0.2 得电），延时 1s 后，工作台带动工件前进（Q0.0 得电），当工件到达钻孔位置（72.22mm）时，工作台停止并钻孔（Q0.3 得电）；钻孔完成后（5s），工作台带动工件继续前进，当工件到达攻丝位置（144.44mm）时，工作台停止并攻丝（Q0.4 得电）；攻丝完成后（5s），工作台返回（Q0.1 得电）到原点停止。

工作台电动机每转一圈，工作台行进 72.22mm，编码器分辨率为 1000p/r。

1) 任务分析。为保证定位准确，采用 AB 计数器四倍频高速计数器。工作台电动机每转一圈，工作台行进 72.22mm，编码器分辨率为 1000p/r；到达钻孔位置（72.22mm），电动机刚好旋转一圈，4 倍频计数，则计 4000 个数；到达攻丝位置（144.44mm），电动机刚好旋转两圈，4 倍频计数，则计 8000 个数。

根据工艺要求，需要 6 个输入点、5 个输出点。

2) 绘制 I/O 地址分配表和 I/O 接线图。I/O 地址分配表见表 3.3.4，I/O 接线图如图 3.3.30 所示。

表 3.3.4 孔加工定位控制 I/O 地址分配表

输入			输出		
输入元件	输入地址	定义	输出元件	输出地址	定义
A 相	I0.0	编码器 A 相信号	前进	Q0.0	工作台前进
B 相	I0.1	编码器 B 相信号	返回	Q0.1	工作台返回
SQ1	I0.2	原点	YV	Q0.2	工件夹紧
SQ2	I0.3	超程限位	KA1	Q0.3	钻孔
SB1	I0.4	启动按钮	KA2	Q0.4	攻丝
SB2	I0.5	停止按钮			

注意事项：

① 地址分配表中的输入、输出地址一定要与 I/O 接线图中的地址一致，否则容易

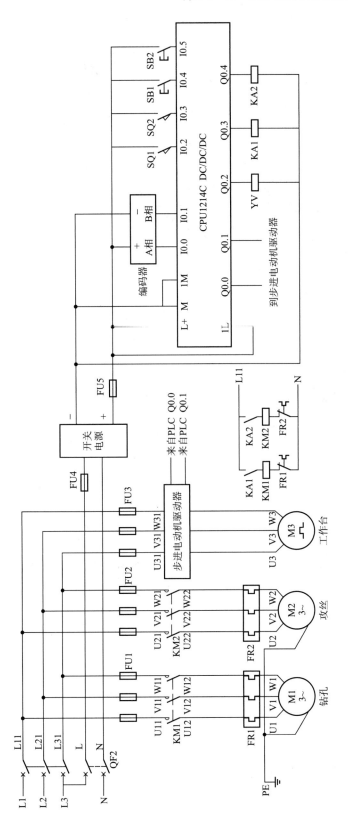

图 3.3.30　孔加工定位控制 I/O 接线图

造成安装接线、调试错误。

② I/O 接线图中的输入控制元件，不管在继电器控制线路中同一个元件用了多少个触点，在 PLC 中只用一个触点作为输入点；除热继电器过载保护外，都采用常开触点。

③ 绘制 I/O 接线图时，不需要把 PLC 所有的输入、输出点都绘制出来，用哪个就绘制哪个。

④ 注意编码器是 PNP 型还是 NPN 型，两者接线有区别。本实例采用的是 PNP 型编码器，接线如图 3.3.30 所示。

⑤ PLC 用的是 DC 输出，交流接触器的线圈不能直接连接到 PLC 的输出端子，需要用直流继电器触点隔离控制，如图 3.3.30 所示。

3）根据 I/O 接线图完成 PLC 与外接输入元件和输出元件的接线。

4）根据工艺控制要求编写程序。

① 编写变量表。变量表如图 3.3.31 所示。

		名称	数据类型	地址
变量表				
1		A相	Bool	%I0.0
2		B相	Bool	%I0.1
3		原点	Bool	%I0.2
4		超程限位	Bool	%I0.3
5		启动	Bool	%I0.4
6		停止	Bool	%I0.5
7		前进	Bool	%Q0.0
8		返回	Bool	%Q0.1
9		夹紧	Bool	%Q0.2
10		钻孔	Bool	%Q0.3
11		攻丝	Bool	%Q0.4

图 3.3.31 孔加工定位控制变量表

② 添加新程序块。按照先后顺序依次添加两个 "Hardware interrupt" 组织块（名称自定义，实例中定义为 "钻孔位置" 和 "攻丝位置"），以及一个全局数据块（图 3.3.32），并在全局数据块中添加一个数据类型为 DInt 的变量（变量名自定义，实例中定义为 "新参考值"）。

图 3.3.32 新添加的程序块

③ 组态高速计数器。"常规" 中勾选 "启用该高速计数器"→"功能" 中 "运行模式" 设置为 "AB 计数器四倍频"→"初始值" 中 "初始参考值" 设置为 4000→"事件组态" 中勾选 "为计数器值等于参考值这一事件生成中断"，"硬件中断" 设置为 "钻孔位置"→"硬件输入" 设置为 I0.0、I0.1→"I/O 地址" 中 "起始地址" 设置为 1000，"结束地址" 设置为 1003→单击 "确定"。

④ 修改滤波值。选择 "数字量输入"→"通道 0"（I0.0）、"通道 1"（I0.1）→"输入滤波器"→把 6.4millisec 修改为 10microsec→单击 "确定"。

⑤ 设计主程序。参考主程序如图 3.3.33 所示。

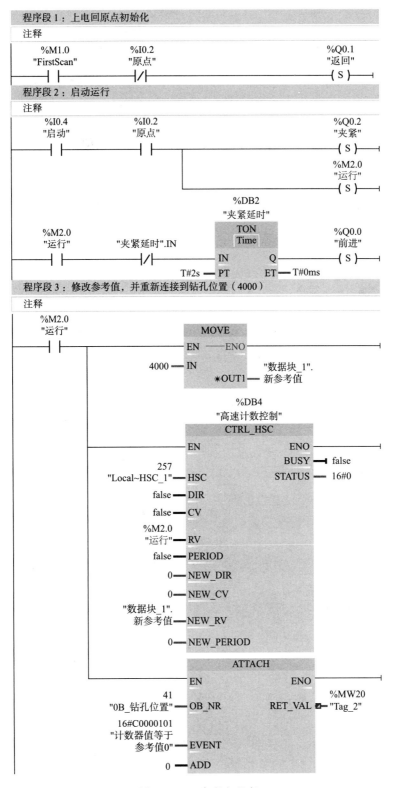

图 3.3.33　参考主程序

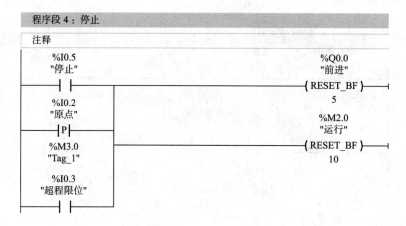

图 3.3.33　参考主程序（续）

⑥ 设计钻孔子程序。参考子程序如图 3.3.34 所示。

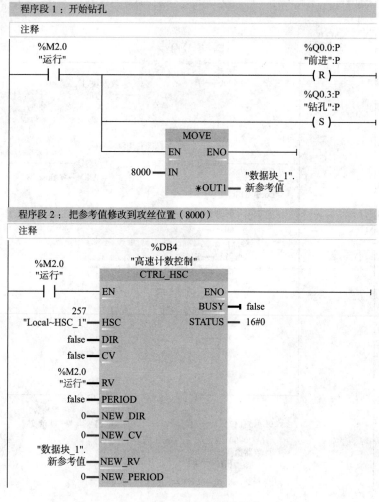

图 3.3.34　钻孔参考子程序

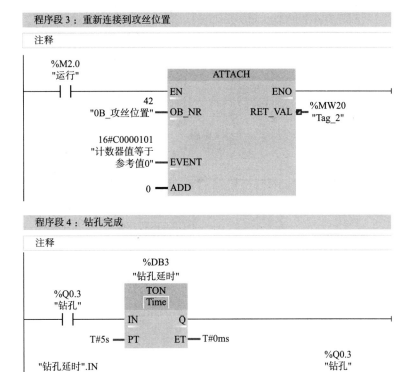

图 3.3.34　钻孔参考子程序（续）

⑦ 设计攻丝子程序。子程序如图 3.3.35 所示。

注意事项：

① 初学编程，根据工艺要求，逐个功能去实现，不要急于求成，以免程序中出现过多的错误，修改困难。

② 编程时，外部硬件需要实现联锁功能的，在程序内软元件也应当实现联锁。

③ 变量表中地址一定要与 I/O 接线图中地址对应，否则会造成程序不能正常运行。

④ 一定要记住把输入 I0.0、I0.1 的默认滤波值 6.4millisec 修改为 10microsec。

```
程序段1：开始攻丝
  注释
        %M2.0                                    %Q0.0:P
        "运行"                                    "前进":P
        ──┤├────────────────────────────────────( R )───
                      │
                      │                          %Q0.4:P
                      │                          "攻丝":P
                      └──────────────────────────( S )───
```

图 3.3.35　攻丝参考子程序

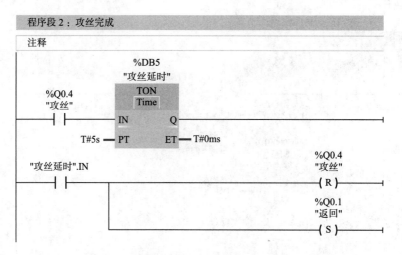

图 3.3.35　攻丝参考子程序（续）

5）将编写好的程序编译下载到 PLC。

6）运行调试。

3.3.6　实训操作

（1）实训目的

熟练使用高速计数器，根据工艺控制要求，掌握 PLC 的编程方法和调试方法，能够使用 PLC 解决实际问题。

（2）实训设备

实训设备包括计算机、S7-1200 可编程控制器、开关板（600mm×600mm）、熔断器、交流接触器、热继电器、组合开关、按钮、导线等。

（3）任务要求

在规定时间内正确完成如图 3.3.36 所示的定位往返控制。

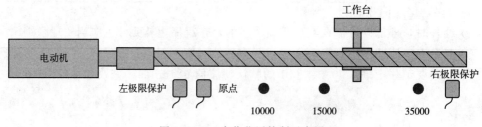

图 3.3.36　定位往返控制示意图

工艺要求：前进到 10000 位置，停 3s；前进到 15000 位置，停 4s；前进到 35000 位置，停 3s 返回原点。

编码器分辨率为 1000p/r。

（4）注意事项

1）通电前，必须在指导教师的监护和允许下进行。

2）要做到安全操作和文明生产。

（5）评分

评分细则见评分表。

"定位往返控制实训操作"技能自我评分表

项目	技术要求	配分	评分细则	评分记录
工作前准备	清点实训操作所需的设备器件	5	每漏检或错检一件，扣1分	
绘制 I/O 地址分配表和接线图	正确绘制 I/O 地址分配表和接线图	5	地址遗漏，每处扣1分 接线图绘制错误，每处扣1分	
安装接线	按照 PLC 控制 I/O 接线图，正确、规范安装线路	20	线路布置不整齐、不合理，每处扣2分 接线不规范，每根扣0.5分 不按 I/O 接线图接线，每处扣5分 损坏元件，每个扣5分	
程序设计	1. 按照控制要求设计梯形图 2. 将程序熟练写入 PLC 中	40	不能正确达到功能要求，每处扣5分	
			地址与 I/O 分配表和接线图不符，每处扣5分	
			不会将程序写入 PLC 中，扣10分	
			将程序写入 PLC 中不熟练，扣10分	
运行调试	正确运行调试	10	不会联机调试程序，扣10分 联机调试程序不熟练，扣5分 不会监控调试，扣5分	
清洁	设备器件、工具摆放整齐，工作台清洁	10	乱摆放设备器件、工具，乱丢杂物，完成任务后不清理工位，扣10分	
安全生产	安全着装，按操作规程安全操作	10	没有安全着装，扣5分 操作不规范，扣5分 出现事故，总分计0分	
额定工时 240min	超时，此项从总分中扣分		每超过5min，扣3分	

思 考 与 练 习

1. 编码器分辨率为 1024p/r，编码器旋转 3 圈，高速计数器计了多少个数？

2. 编码器分辨率为 500p/r，电动机旋转一圈，工作台前进 100mm。如果工作台前进到 1m 位置，电动机需要旋转多少圈？高速计数器要计多少个数？

任务 3.4　模拟量应用

📖 **学习目标**

1. 知道常用的模拟量种类。
2. 会模拟量模块接线。
3. 会模拟量组态。
4. 会使用标准化指令和缩放指令。

在工业控制中，为了实现自动控制，需要将如温度、压力、液位、流量等物理量（工程量）转换成标准的模拟量电信号，传送给 PLC 进行处理。根据国际标准，标准电信号分为电压型和电流型两种类型。电压型的标准信号有 DC 0～10V 和 0～5V，电流型的标准信号有 DC 0～20mA 和 DC 4～20mA。

3.4.1　模拟量与数字量的转换

在实际的工程项目中，编写模拟量程序的目的是将模拟量转换成对应的数字量，最终将数字量转换成物理量（工程量）。

模拟量转换分为单极性和双极性两种。双极性的－27648 对应物理量（工程量）的最小值，27648 对应物理量（工程量）的最大值。

单极性模拟量分为两种，即 4～20mA 和 0～10V、0～20mA。

1）第一种为 4～20mA，是带有偏移量的。20mA 转换为数字量为 27648，对应最大物理量（工程量）；因为 4mA 为总量的 20%，所以 4mA 转换为数字量是 5530，对应物理量（工程量）的最小值。

2）第二种是没有偏移量的。没有偏移量的是如 0～10V、0～20mA 等模拟量，27648 对应最大物理量（工程量），0 对应物理量（工程量）的最小值。

3）模拟量信号 0～10V、0～5V 或 0～20mA 在 S7－1200 系列 PLC 的 CPU 内部用 0～27648 的数值表示，4～20mA 用 5530～27648 的数值表示，这两者之间的数学关系如图 3.4.1 所示。

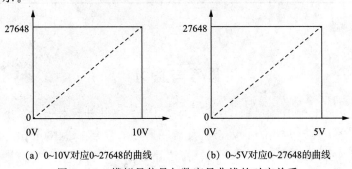

(a) 0~10V对应0~27648的曲线　　(b) 0~5V对应0~27648的曲线

图 3.4.1　模拟量信号与数字量曲线的对应关系

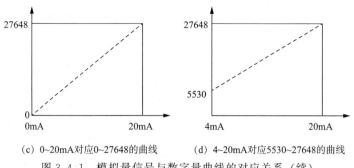

(c) 0~20mA对应0~27648的曲线 　(d) 4~20mA对应5530~27648的曲线

图 3.4.1 模拟量信号与数字量曲线的对应关系 （续）

3.4.2 模拟量模块的接线及组态

PLC 的 CPU 只能处理由 0 和 1 组成的数字量，这就需要将模拟量转换成数字量 （A/D 转换，模拟量输入），或将数字量转换为模拟量（D/A 转换，模拟量输出），完成 A/D（D/A）转换，需要用 A/D（D/A）转换器。

S7-1200 系列 PLC 中用到的 A/D（D/A）转换器有：PLC 自带的模拟量输入或模拟量输出、模拟量输入信号板（SB1231）、模拟量输出信号板（SB1232）、模拟量输入扩展模块（SM1231）、模拟量输出扩展模块（SM1232）、模拟量输入/输出混合扩展模块（SM1234）等。

安装方法参见项目 1 任务 1.3 中的信号板（SB）安装及扩展模块（SM）安装。

接线与设备组态以扩展模块为例介绍如下，模块（板）接线以产品使用说明书为准。

1. 模拟量模块接线

（1）模拟量输入模块接线

模拟量输入模块接线如图 3.4.2 所示。电压信号输入、电流信号输入接线相同，信号区别在设备组态中设定。

（2）模拟量输出模块接线

模拟量输出模块接线如图 3.4.3 所示。电压信号输出、电流信号输出接线相同，信号区别在设备组态中设定。

（3）模拟量输入/输出混合模块接线

如图 3.4.4 所示是四路输入两路输出混合模拟量模块接线。电压信号输出、电流信号输出接线相同，信号区别在设备组态中设定。

2. 模拟量设备组态

以四路输入两路输出模拟量输入/输出混合模块 SM1234（订货号为 6ES7 234-4HE32-0XB0）为例，介绍模拟量设备组态。

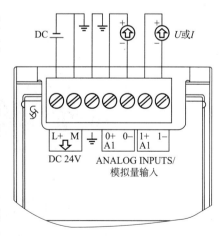

图 3.4.2 模拟量输入模块接线

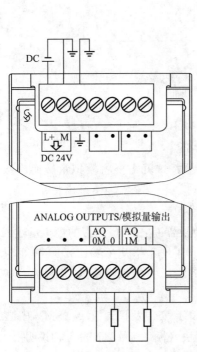

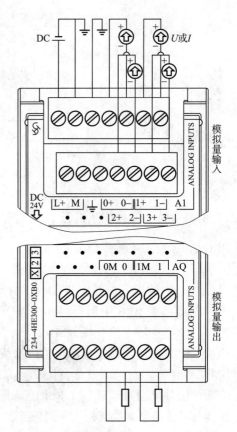

图 3.4.3　模拟量输出模块接线　　　　图 3.4.4　模拟量输入/输出混合模块接线

（1）添加硬件

打开"项目树"中"PLC _ 1 ［CPU1214C DC/DC/DC］"文件夹，双击"设备组态"，出现如图 3.4.5 所示的界面。

图 3.4.5　打开"设备组态"界面

在右边的硬件目录中展开"AI/AQ"文件夹，再展开"AI4 × 13BIT/AQ2 × 14BIT"文件夹，直接将"6ES7 234 - 4HE32 - 0XB0"拖入 CPU 旁边的机架 2 中，如图 3.4.6 所示。

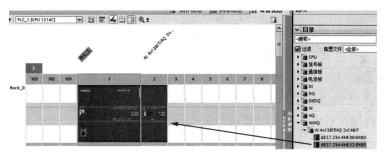

图 3.4.6 添加硬件设备

（2）组态硬件

双击刚添加的硬件设备，弹出如图 3.4.7 所示的界面，在界面中根据工程实际需要的通道数量设定模拟量输入、模拟量输出。

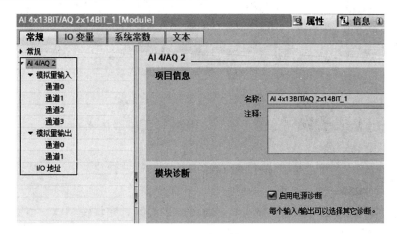

图 3.4.7 组态硬件界面

1）模拟量输入设定。以模拟量输入通道 0 为例，介绍模拟量输入的设定。单击通道 0，出现如图 3.4.8 所示的设定界面。

图 3.4.8 模拟量输入设定

通道地址：可以在 I/O 地址中修改，建议使用默认值。

测量类型：有电压和电流两个选项。选用电压类型还是电流类型，要根据工程实际中变送器或传感器传送的类型确定。

通道 0 和通道 1 的类型默认相同，通道 2 和通道 3 的类型默认相同，只需修改一个即可。如果在一个工程中同时有电压类型和电流类型，就需要分别使用通道 0 和通道 2。

电压（电流）范围：电压范围有 +/-2.5V、+/-5V、+/-10V 三个选项，电流范围有 0~20mA、4~20mA 两个选项，根据工程实际中变送器或传感器传送的值设定。

滤波：有四个选项，建议使用"弱（4 个周期）"默认选项。

2）模拟量输出设定。以模拟量输出通道 0 为例，介绍模拟量输出的设定。单击通道 0，出现如图 3.4.9 所示的设定界面。

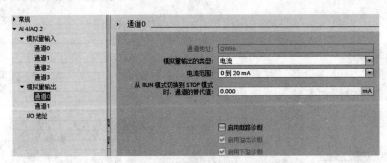

图 3.4.9 模拟量输出设定

通道地址：可以在 I/O 地址中修改，建议使用默认值。

模拟量输出的类型：有电压和电流两个选项。选用电压类型还是电流类型，要根据工程实际需要确定。

电压（电流）范围：电压范围默认为 +/-10V，不需修改设定。电流范围有 0~20mA、4~20mA 两个选项，根据工程实际需要设定。

从 RUN 模式切换到 STOP 模式时，通道的替代值：建议使用默认值 0。

3）I/O 地址。建议使用默认值。

3.4.3 标准化指令和缩放指令

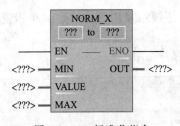

图 3.4.10 标准化指令

（1）标准化指令（NORM_X）

使用 NORM_X 指令，可将输入 VALUE 中变量的值映射到线性标尺对其标准化，标准化结果为浮点数，存储在 OUT 输出中。指令的位置在"基本指令"中的"转换操作"文件夹中。指令如图 3.4.10 所示，参数及数据类型见表 3.4.1。

表 3.4.1 NORM_X 标准化指令参数及数据类型

参数	数据类型	说明	参数	数据类型	说明
MIN	Int、Real	取值范围的最小值	MAX	Int、Real	取值范围的最大值
VALUE	Int、Real	要标准化的值	OUT	Real	标准化结果

标准化指令的结果是：OUT=（VALUE-MIN）/（MAX-MIN）。

（2）缩放指令（SCALE＿X）

使用 SCALE＿X 指令，可将输入 VAL-UE 的值映射到指定的值范围对其缩放。当执行缩放指令时，输入 VALUE 的浮点值会缩放到由参数 MIN 和 MAX 定义的值范围，缩放结果为整数，存储在 OUT 输出中。指令的位置在"基本指令"中的"转换操作"文件夹中。指令如图 3.4.11 所示，参数及数据类型见表 3.4.2。

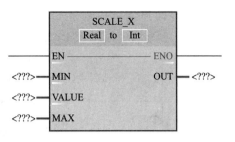

图 3.4.11 缩放指令

表 3.4.2 SCALE＿X 缩放指令参数及数据类型

参数	数据类型	说明	参数	数据类型	说明
MIN	Int、Real	取值范围的最小值	MAX	Int、Real	取值范围的最大值
VALUE	Int、Real	要缩放的值	OUT	Int	缩放结果

缩放指令的结果是：OUT＝VALUE（MAX－MIN）＋MIN。

3.4.4 示例

（1）模拟量输入

输入通道 0 接 4～20mA 的电流输入信号，对应实际工程值 0～50kPa。参考程序如图 3.4.12 所示。

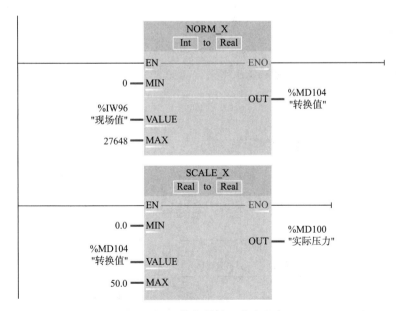

图 3.4.12 模拟量输入参考程序

（2）模拟量输出

模拟量输出接输出通道 0，输出接 4~20mA 的电流信号，控制变频器频率为 0~50Hz。参考程序如图 3.4.13 所示。

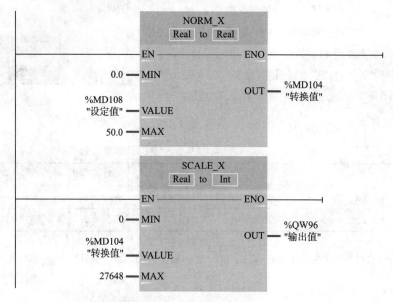

图 3.4.13 模拟量输出参考程序

思 考 与 练 习

1. 模拟量有哪些标准电信号？分别是什么？

2. 如图 3.4.14 所示，实时采集压力变送器电流，并换算出当前压力值。压力变送器的输出为 4~20mA，量程为 0~1000kPa，试编写程序。

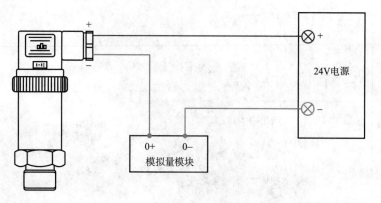

图 3.4.14 思考与练习题 2 示意图

项目  S7-1200系列PLC通信控制

通信控制是 PLC 的重要控制方式之一，本项目主要学习 S7 通信控制、OUC 通信控制和 Modbus TCP 通信控制。

任务 4.1　S7 通信控制

 学习目标

  1. 会网络创建及组态。

  2. 会调用 PUT 指令、GET 指令。

  3. 会组态 PUT 指令、GET 指令。

  4. 会 S7 通信控制编程。

S7 通信属于西门子内部协议（未公开），主要用于西门子设备之间的通信，如 S7 - 1200 与 S7 - 1200、S7 - 1200 与 S7 - 1500、S7 - 1200 与 S7 - 300/400 之间的通信等，不能与第三方的设备进行通信。

S7 通信是一种组态通信，使用 S7 通信时需要进行组态与配置，通过组态自动连接。

4.1.1　网络创建及组态

在网络创建及组态前，先进行硬件连接。把两台 S7 - 1200PLC、一台以太网交换机、一台计算机、三根以太网电缆线按照图 4.1.1 所示连接，如有多台都按此方法连接。网络创建及组态如图 4.1.2 所示。

1）添加并组态 PLC。创建新项目后，打开"项目树"，在"项目树"中双击"添加新设备"，添加两台 PLC，把 PLC 命名为"1 号站""2 号站"。实际工程中如有 N 台PLC，就添加 N 台。

添加后，要和前面的项目一样，在设备属性中勾选"启用系统存储器字节"和

"启用时钟存储器字节"复选框。

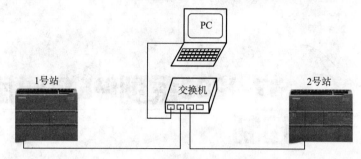

图 4.1.1　S7 通信硬件连接示意图

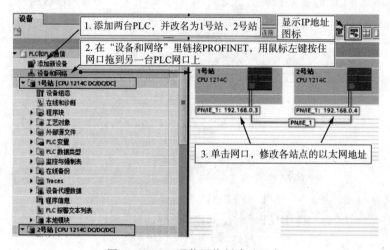

图 4.1.2　S7 通信网络创建及组态

2）在"设备和网络"里链接 PROFINET。按住鼠标左键，将 1 号站 PLC 网口拖到 2 号站网口。

3）单击网口，修改各站点的 IP 地址。1 号站的 IP 地址为 192.168.0.3，2 号站的 IP 地址为 192.168.0.4。如果看不到 IP 地址，则单击右上角显示 IP 地址的图标。

也可以在各站的设备属性"PROFINET 接口［X1］"的"以太网地址"中修改 IP 地址。

4）在各站的设备属性"防护与安全"的"连接机制"里，勾选"允许来自远程对象的 PUT/GET 通信访问"复选框，如图 4.1.3 所示。

5）把创建及组态完成的网络下载到 PLC 中。注意 PLC 初始默认的 IP 地址是 192.168.0.1，如图 4.1.4 所示。

要把创建及组态完成的网络下载到 PLC 中，必须把 PLC 从网络硬件连接中断开，分别下载，下载完成后再连接上。

创建及组态完成的网络下载到 PLC 后，后续不需要从网络硬件连接中断开即可下载程序。

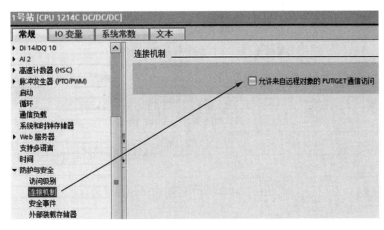

图 4.1.3　链接"连接机制"

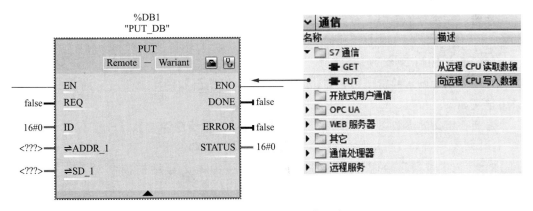

图 4.1.4　默认的 IP 地址

4.1.2　定义 PUT 通信指令（发送指令）

PUT 指令用于向远程（伙伴、服务端）站发送（写入）数据。

（1）调用 PUT 通信指令

以 1 号站为例，选择程序块，双击打开"Main［OB1］"，在右边的"指令"→"通信"→"S7 通信"文件夹中选择 PUT 指令，并拖入程序编辑区，自动生成数据块，如图 4.1.5 所示。

图 4.1.5　调用 PUT 通信指令

PUT指令各引脚参数含义见表4.1.1。

表4.1.1 PUT通信指令各引脚含义

引脚	数据类型	说明
REQ	Bool	发送请求（启动信号）
ID	Word	链接的网络ID（十六进制）
ADDR_1	Variant	目标地址（第1组）
SD_1	Variant	本地地址（第1组）
DONE	Bool	0：请求尚未启动或仍在运行 1：已成功完成任务
ERROR	Bool	错误信息
STATUS	Word	状态信息

（2）定义PUT连接参数

单击指令右上角的开始组态图标，弹出"连接参数"窗口，在如图4.1.6所示的窗口中把"伙伴"选择为"2号站"，参数自动生成。

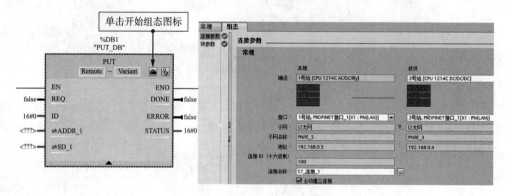

图4.1.6 定义PUT连接参数

注意：在实际工程中，可能有多个站，"伙伴"选择哪个站，要根据工程实际要求确定。

（3）定义PUT块参数

在图4.1.6所示的窗口中，点击"块参数"，切换出如图4.1.7所示的窗口，在窗口中定义如下块参数。

注意：定义的参数以工程实际需要为准，图中参数为示例参数。

1）输入。REQ（启动信号）：定义为"Clock_2Hz"。

2）写入区域。起始地址（目的地址，可以认为是2号站被控制对象）：定义为"Q0.0"。

长度："1""Byte"。

3）发送区域。起始地址（本地地址，可以认为是1号站操作元件）：定义为

"M2.0"。

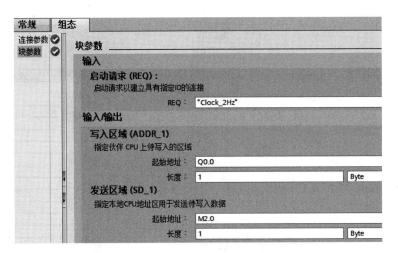

图 4.1.7 定义 PUT 块参数

长度："1""Byte"。

注意：如果发送区域起始地址用数据块的地址，必须先建立数据块，并在建立的数据块属性中取消选中"优化的块访问"复选框，否则运行时会出现错误。

参数定义完成后，PUT 指令参数也就填写完毕，如图 4.1.8 所示。

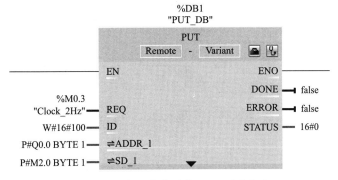

图 4.1.8 定义完成后的 PUT 通信指令

4.1.3 定义 GET 通信指令（接收指令）

GET 指令用于接收（读取）远程（伙伴、服务端）站数据。

(1) 调用 GET 通信指令

以 1 号站为例，选择程序块，双击打开"Main［OB1］"，在右边的"指令"→"通信"→"S7 通信"文件夹中选择 GET 指令，并拖入程序编辑区，自动生成数据块，如图 4.1.9 所示。

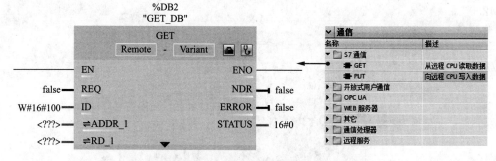

图 4.1.9　调用 GET 通信指令

GET 指令各引脚参数含义见表 4.1.2。

表 4.1.2　GET 通信指令各引脚含义

引脚	数据类型	说明
REQ	Bool	接收请求（启动信号）
ID	Word	链接的网络 ID（十六进制）
ADDR_1	Variant	目标地址（第 1 组）
RD_1	Variant	本地地址（第 1 组）
NDR	Bool	0：请求尚未启动或仍在运行 1：已成功完成任务
ERROR	Bool	错误信息
STATUS	Word	状态信息

（2）定义 GET 连接参数、块参数

GET 指令连接参数、块参数的定义方法与 PUT 指令一样。定义完成后的 GET 指令如图 4.1.10 所示。

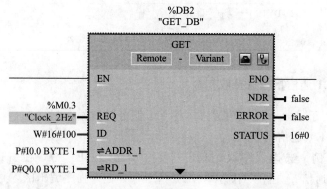

图 4.1.10　定义完成后的 GET 通信指令

注意：如果接收区域起始地址用数据块的地址，必须先建立数据块，并在建立的数据块属性中把勾选了的"优化的块访问"取消，否则运行时会出现错误。

4.1.4　编程实例

某设备工艺要求：用 S7 通信协议控制方式实现：1 号 PLC 站能控制 2 号 PLC 站的电动机（2 号电动机）单向运行，并在 1 号站以指示灯反映 2 号电动机的工作状态；2 号 PLC 站能控制 1 号 PLC 站的电动机（1 号电动机）单向运行，并在 2 号站以指示灯反映 1 号电动机的工作状态。

1）任务分析。根据工艺要求，每个 PLC 站需要 2 个输入点、2 个输出点。

2）绘制 I/O 地址分配表。I/O 地址分配表见表 4.1.3。

表 4.1.3　S7 通信控制 I/O 地址分配表

PLC 站	输入			输出		
	输入元件	输入地址	定义	输出元件	输出地址	定义
1 号 PLC 站	SB1	I0.0	2 号电动机启动按钮	KA1	Q0.0	1 号电动机运行
	SB2	I0.1	2 号电动机停止按钮	HL1	Q0.1	2 号电动机运行指示
2 号 PLC 站	SB3	I0.2	1 号电动机启动按钮	KA2	Q0.2	2 号电动机运行
	SB4	I0.3	1 号电动机停止按钮	HL2	Q0.3	1 号电动机运行指示

说明：两个 PLC 站实现的控制功能和要求一样，I/O 地址可以设置为一样的。为了便于读者充分理解 S7 通信指令的意义和使用，在本工程实例中 I/O 地址设置为不同的地址。

3）绘制 I/O 接线图。I/O 接线图如图 4.1.11 所示。

注意事项：

① I/O 接线图中的地址一定要与分配表中的输入、输出地址一致，否则容易造成安装接线、调试错误。

② I/O 接线图中的输入控制元件，不管在继电器控制线路中同一个元件用了多少个触点，在 PLC 中只用一个触点作为输入点；除热继电器过载保护外，都采用常开触点。

③ 绘制 I/O 接线图时，不需要把 PLC 所有的输入、输出点都绘制出来，用哪个就绘制哪个。

④ PLC 用的是 DC 输出，交流接触器的线圈不能直接连接到 PLC 的输出端子，需要用直流继电器触点隔离控制。

4）根据 I/O 接线图完成 PLC 与外接输入元件和输出元件的接线，然后按照图 4.1.11 所示 S7 通信控制硬件连接示意图连接网络。

5）根据工艺控制要求编写程序。

① 创建新项目，并添加好两个 PLC 控制站。在各站的设备属性中"系统和时钟存储器"里勾选"启用系统存储器字节"和"启用时钟存储器字节"复选框。

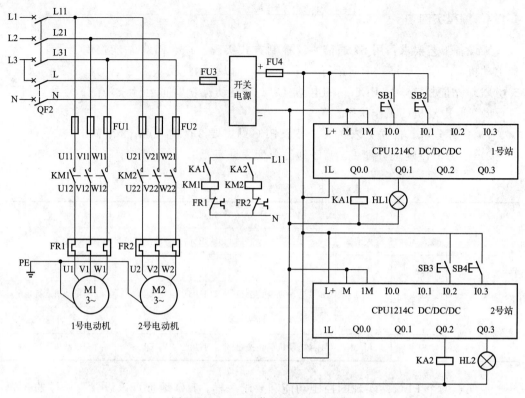

图 4.1.11　S7 通信控制 I/O 接线图

在各站的设备属性"防护与安全"的"连接机制"里，勾选"允许来自远程对象的 PUT/GET 通信访问"复选框。

② 组态网络。在"设备和网络"里，链接 PROFINET，并修改设置好 IP 地址，如图 4.1.12 所示。

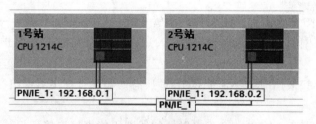

图 4.1.12　组态网络

③ 把创建及组态完成的网络下载到 PLC 中。

④ 编写变量表。分别在 1 号站、2 号站中编写变量表，1 号站变量表如图 4.1.13 所示，2 号站变量表如图 4.1.14 所示。

⑤ 设计 1 号站程序。

a. 在 1 号站 Main〔OB1〕中设计 1 号站启动/停止 2 号站电动机程序段。参考程序段如图 4.1.15 所示。

		名称	数据类型	地址
1		2#启动按钮	Bool	%I0.0
2		2#停止按钮	Bool	%I0.1
3		1#电机运行	Bool	%Q0.0
4		2#电机运行指示	Bool	%Q0.1

图 4.1.13　1 号站变量表

		名称	数据类型	地址
1		1#启动按钮	Bool	%I0.2
2		1#停止按钮	Bool	%I0.3
3		2#电机运行	Bool	%Q0.2
4		1#电机运行指示	Bool	%Q0.3

图 4.1.14　2 号站变量表

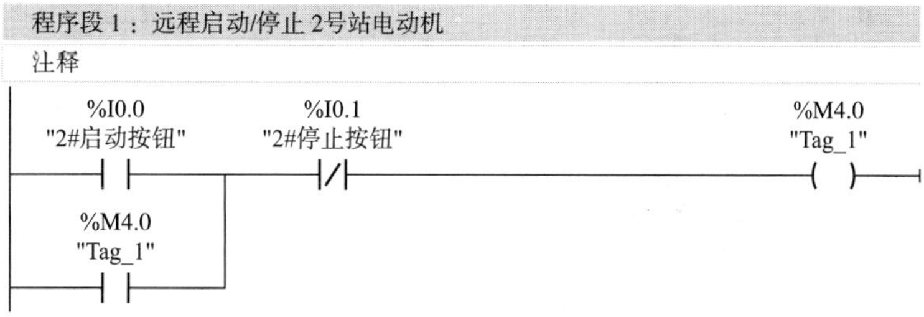

程序段 1：远程启动/停止 2 号站电动机

注释

```
    %I0.0              %I0.1                              %M4.0
  "2#启动按钮"       "2#停止按钮"                        "Tag_1"
    ┤ ├                ┤/├                               ( )
    %M4.0
   "Tag_1"
    ┤ ├
```

图 4.1.15　1 号站启动/停止 2 号站电动机参考程序

b. 调用 PUT 指令，并设置"连接参数""块参数"。"连接参数"设置如图 4.1.16 所示，"块参数"设置如图 4.1.17 所示。

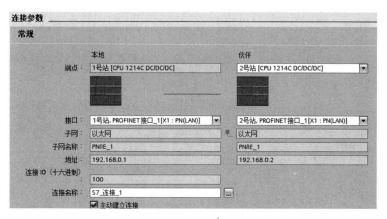

图 4.1.16　1 号站 PUT 指令"连接参数"设置

c. 调用 GET 指令，并设置"连接参数""块参数"。"连接参数"设置如图 4.1.18 所示，"块参数"设置如图 4.1.19 所示。

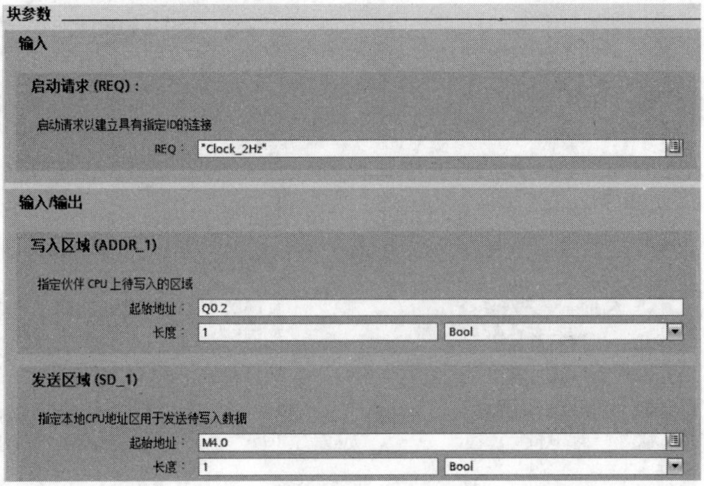

块参数

输入

启动请求 (REQ)：

启动请求以建立具有指定ID的连接

REQ：　"Clock_2Hz"

输入/输出

写入区域 (ADDR_1)

指定伙伴 CPU 上待写入的区域

起始地址：　Q0.2

长度：　1　　　　　　　　　　　Bool

发送区域 (SD_1)

指定本地CPU地址区用于发送待写入数据

起始地址：　M4.0

长度：　1　　　　　　　　　　　Bool

图 4.1.17　1 号站 PUT 指令"块参数"设置

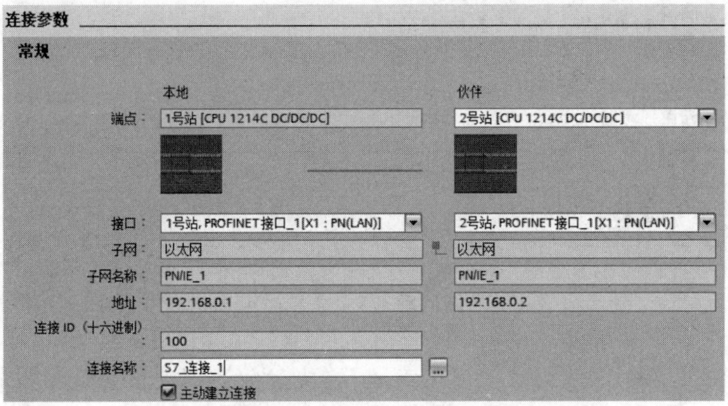

连接参数

常规

	本地	伙伴
端点：	1号站 [CPU 1214C DC/DC/DC]	2号站 [CPU 1214C DC/DC/DC]
接口：	1号站, PROFINET接口_1[X1 : PN(LAN)]	2号站, PROFINET接口_1[X1 : PN(LAN)]
子网：	以太网	以太网
子网名称：	PN/IE_1	PN/IE_1
地址：	192.168.0.1	192.168.0.2
连接 ID (十六进制)：	100	
连接名称：	S7_连接_1	
	☑ 主动建立连接	

图 4.1.18　1 号站 GET 指令"连接参数"设置

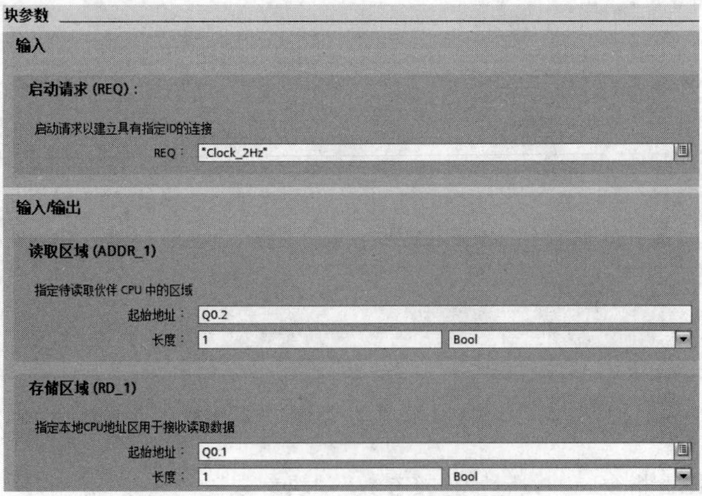

块参数

输入

启动请求 (REQ)：

启动请求以建立具有指定ID的连接

REQ：　"Clock_2Hz"

输入/输出

读取区域 (ADDR_1)

指定待读取伙伴 CPU 中的区域

起始地址：　Q0.2

长度：　1　　　　　　　　　　　Bool

存储区域 (RD_1)

指定本地CPU地址区用于接收读取数据

起始地址：　Q0.1

长度：　1　　　　　　　　　　　Bool

图 4.1.19　1 号站 GET 指令"块参数"设置

注意： 本工程实例伙伴站（远程站）只需要 1 个控制位，故在长度单位中设置的 "Bool" 为 1。

1 号站设计完成的参考程序如图 4.1.20 所示。

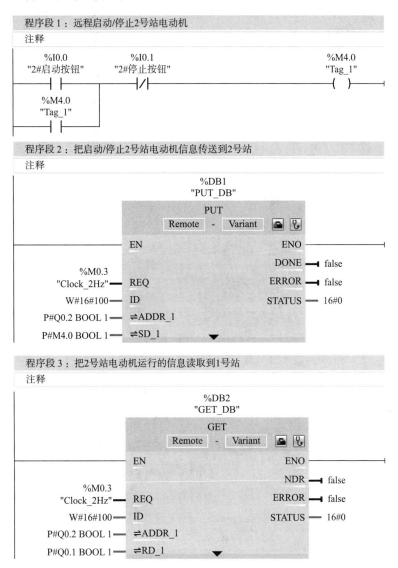

图 4.1.20   1 号站参考程序

⑥ 设计 2 号站程序。

a. 在 2 号站 Main［OB1］中设计 2 号站启动/停止 1 号站电动机程序段。参考程序段如图 4.1.21 所示。

b. 调用 PUT 指令，并设置"连接参数""块参数"。"连接参数"设置如图 4.1.22 所示，"块参数"设置如图 4.1.23 所示。

程序段1：远程启动/停止1号站电动机
注释
%I0.2
"1#启动按钮"
%I0.3
"1#停止按钮"
%M5.0
"Tag_1"
%M5.0
"Tag_1"

图 4.1.21　2 号站启动/停止 1 号站电动机参考程序

连接参数
常规
本地
伙伴
端点：
2号站 [CPU 1214C DC/DC/DC]
1号站 [CPU 1214C DC/DC/DC]
接口：
2号站, PROFINET接口_1[X1 : PN(LAN)]
1号站, PROFINET接口_1[X1 : PN(LAN)]
子网：
以太网
以太网
子网名称：
PN/IE_1
PN/IE_1
地址：
192.168.0.2
192.168.0.1
连接 ID（十六进制）：
100
连接名称：
S7_连接_1
主动建立连接

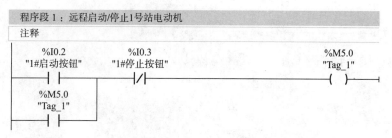

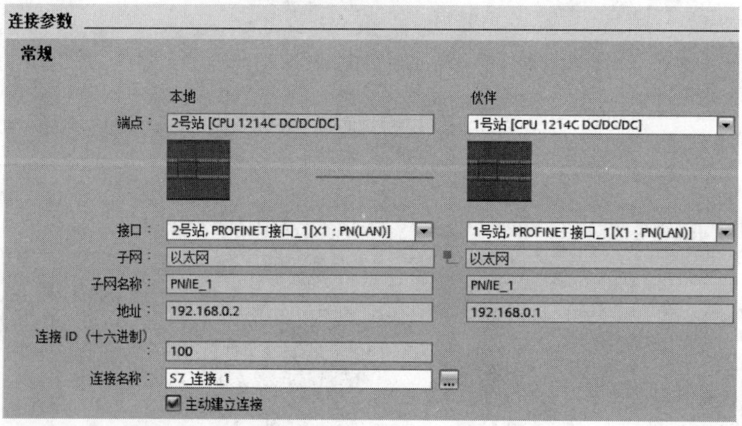

图 4.1.22　2 号站 PUT 指令"连接参数"设置

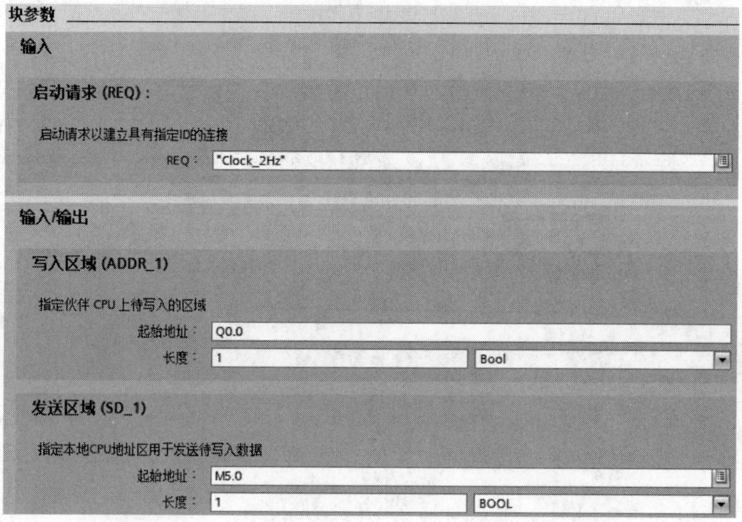

块参数
输入
启动请求 (REQ)：
启动请求以建立具有指定ID的连接
REQ：
"Clock_2Hz"
输入/输出
写入区域 (ADDR_1)
指定伙伴 CPU 上待写入的区域
起始地址：
Q0.0
长度：
1
Bool
发送区域 (SD_1)
指定本地CPU地址区用于发送待写入数据
起始地址：
M5.0
长度：
1
BOOL

图 4.1.23　2 号站 PUT 指令"块参数"设置

c. 调用 GET 指令，并设置"连接参数""块参数"。"连接参数"设置如图 4.1.24 所示，"块参数"设置如图 4.1.25 所示。

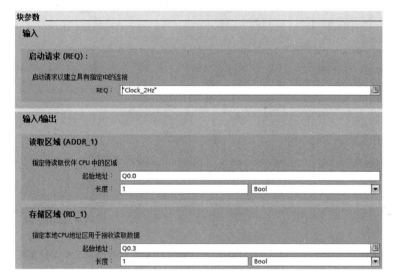

图 4.1.24　2 号站 GET 指令"连接参数"设置

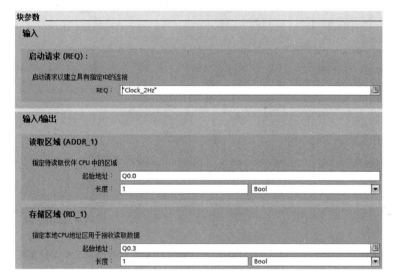

图 4.1.25　2 号站 GET 指令"块参数"设置

2 号站设计完成的参考程序如图 4.1.26 所示。

⑦ 注意事项。

a. 初学编程，根据工艺要求，逐个功能去实现，不要急于求成，以免程序中出现过多的错误，修改困难。

b. 编程时，外部硬件需要实现联锁功能的，在程序内软元件也应当实现联锁。

c. 变量表中地址一定要与 I/O 接线图中地址对应，否则会造成不能正常运行。

d. 在组态 PUT/GET 指令时，一定要注意目标地址与本地地址不要混淆，否则无法进行通信控制。

e. PUT/GET 指令的 ADDR_1 永远是对方设备的存储地址，ID 处填写对方设备的 ID（十六进制）。

f. PUT/GET 指令此处采用轮询的扫描方式，不需要手动触发 REQ。

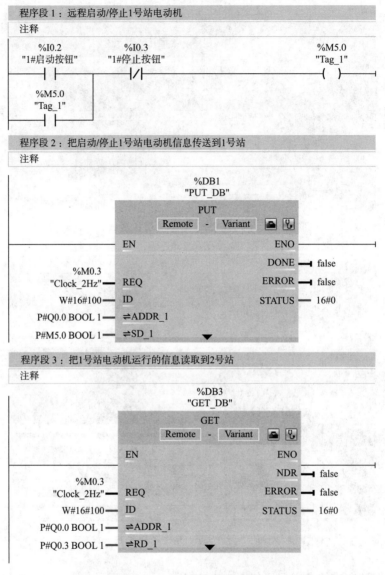

程序段 1 : 远程启动/停止1号站电动机
注释

程序段 2 : 把启动/停止1号站电动机信息传送到1号站
注释

程序段 3 : 把1号站电动机运行的信息读取到2号站
注释

图 4.1.26　2 号站参考程序

  g. PUT/GET 指令的 REQ 可以同时接通，所以在执行时单独轮询，不用做整体轮询。

  6）将编写好的程序编译下载到 PLC。注意编译下载时，选中要下载的站，不要混淆。

  7）运行调试。

4.1.5　实训操作

（1）实训目的

  熟练使用 S7 通信指令，根据工艺控制要求，掌握 PLC 的编程方法和调试方法，能够使用 PLC 解决实际问题。

（2）实训设备

实训设备包括计算机、S7-1200 可编程控制器、开关板（600mm×600mm）、熔断器、交流接触器、热继电器、直流继电器、指示灯、组合开关、按钮、导线等。

（3）任务要求

在规定时间内正确完成三相异步电动机正反转远程控制。

工艺要求：用 S7 通信协议控制方式实现：1 号 PLC 站控制 2 号 PLC 站的电动机正反转运行，并在 1 号站以指示灯反映 2 号电动机的工作状态；2 号 PLC 站控制 1 号 PLC 站的电动机正反转运行，并在 2 号站以指示灯反映 1 号电动机的工作状态。

（4）注意事项

1）通电前，必须在指导教师的监护和允许下进行。

2）要做到安全操作和文明生产。

（5）评分

评分细则见评分表。

"三相异步电动机正反转远程控制实训操作" 技能自我评分表

项目	技术要求	配分/分	评分细则	评分记录
工作前准备	清点实训操作所需的设备器件	5	每漏检或错检一件，扣 1 分	
绘制 I/O 地址分配表和接线图	正确绘制 I/O 地址分配表和接线图	5	地址遗漏，每处扣 1 分 接线图绘制错误，每处扣 1 分	
安装接线	1. 按照 PLC 控制 I/O 接线图，正确、规范安装线路 2. 正确连接网络	20	线路布置不整齐、不合理，每处扣 2 分 接线不规范，每根扣 0.5 分 不按 I/O 接线图接线，每处扣 5 分 网络连接错误，扣 5 分 损坏元件，每个扣 5 分	
程序设计	1. 按照控制要求设计梯形图 2. 将程序熟练写入 PLC 中	40	不能正确达到功能要求，每处扣 5 分	
			地址与 I/O 分配表和接线图不符，每处扣 5 分	
			不会将程序写入 PLC 中，扣 10 分	
			将程序写入 PLC 中不熟练，扣 10 分	
运行调试	正确运行调试	10	不会联机调试程序，扣 10 分 联机调试程序不熟练，扣 5 分 不会监控调试，扣 5 分	
清洁	设备器件、工具摆放整齐，工作台清洁	10	乱摆放设备器件、工具，乱丢杂物，完成任务后不清理工位，扣 10 分	

续表

项目	技术要求	配分/分	评分细则	评分记录
安全生产	安全着装，按操作规程安全操作	10	没有安全着装，扣5分 操作不规范，扣5分 出现事故，总分计0分	
额定工时240min	超时，此项从总分中扣分		每超过5min，扣3分	

思 考 与 练 习

1. S7 通信可以用于第三方通信吗？为什么？

2. 各站点的 IP 地址可以自定义吗？要注意什么？

3. 组态 IP 地址时看不到 IP 地址，怎么解决？

任务4.2　OUC 通信控制

学习目标

1. 会网络创建及组态。

2. 会调用 TSEND_C 指令、TRCV_C 指令。

3. 会组态 TSEND_C 指令、TRCV_C 指令。

4. 会 OUC 通信控制编程。

OUC 通信即开放式通信，采用开放式标准，适合与第三方设备或计算机进行通信，也适用于 S7-300/400、S7-1500/1200 及 S7-200SMART 之间的通信。

4.2.1　网络配置

把两台 S7-1200 PLC、一台 CSM1277 以太网交换机模块、一台计算机、三根以太网电缆线按照图 4.2.1 所示连接。

（1）添加并组态 PLC

1）创建新项目后，打开"项目树"，在"项目树"中双击"添加新设备"，添加一台 PLC（本例使用的是 S7-1214C DC/DC/DC），把 PLC 命名为"1号站"（可以使用默认名称），如图 4.2.2 所示。

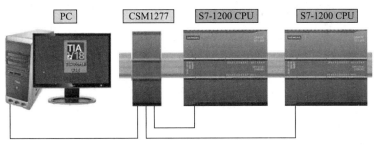

图 4.2.1　OUC 通信硬件连接示意图

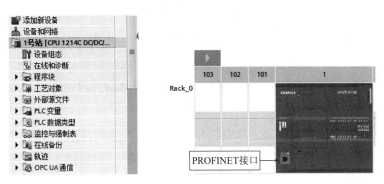

图 4.2.2　添加第一台 PLC

2）在设备属性中勾选"启用系统存储器字节"和"启用时钟存储器字节"。

3）在设备属性的"启动"里，把"上电后启动"设置为"暖启动-RUN 模式"，如图 4.2.3 所示。

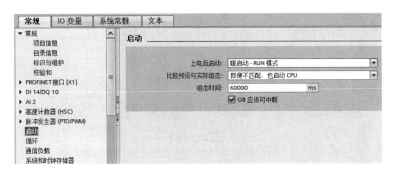

图 4.2.3　修改 1 号站启动方式

4）双击图 4.2.2 中的 PROFINET 接口，弹出如图 4.2.4 所示的窗口，在窗口中选中"以太网地址"，把"IP 地址"设置为"192.168.0.1"。

按照同样的方法添加第二台 PLC，把 PLC 命名为"2 号站"，将"IP 地址"设置为"192.168.0.2"。

（2）网络组态连接

双击任意一个 PLC 站里的"设备组态"，单击"拓扑视图"。

1）在右边"硬件目录"中展开"网络组件"文件夹，展开"工业以太网交换机"

文件夹，再展开"紧凑型交换机模块"文件夹，之后展开"CSM1277 非网管型"文件夹。在"CSM1277 非网管型"文件夹中，将相应的以太网模块（本例使用的是 6GK7 277－1AA10－0AA0）直接拖入拓扑视图编辑区。

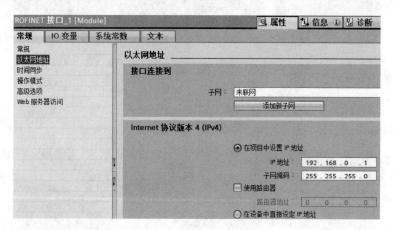

图 4.2.4　设置 IP 地址

2）在右边"硬件目录"中展开"PC 系统"文件夹，再展开"常规 PC"文件夹，之后展开"其他 PC"文件夹，将"具有 1 个端口的 PC"模块直接拖入拓扑视图编辑区。

3）按住鼠标左键，分别将两个 PLC 站、PC 的 PROFINET 接口与以太网交换机的端口连接。

网络组态连接完成后如图 4.2.5 所示。

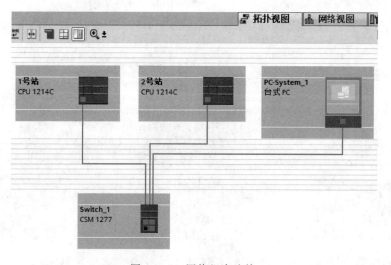

图 4.2.5　网络组态连接

4.2.2　定义 TSEND＿C 通信指令（发送指令）

TSEND＿C 指令的功能是向远程（伙伴、服务端）站发送（写入）数据。

（1）调用 TSEND_C 通信指令

以 1 号站为例，选择程序块，双击打开"Main［OB1］"，在右边"指令"→"通信"的"开放式用户通信"文件夹中选择"TSEND_C"指令，并拖入程序编辑区，自动生成数据块，如图 4.2.6 所示。

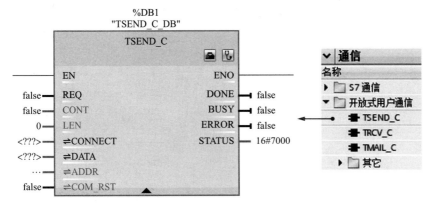

图 4.2.6　调用 TSEND　C 通信指令

TSEND_C 指令各引脚参数含义见表 4.2.1。

表 4.2.1　TSEND_C 通信指令各引脚含义

引脚	数据类型	说明
REQ	Bool	发送请求（启动信号）
CONT	Bool	控制通信连接： 0：断开通信连接 1：建立并保持通信连接
LEN	UDInt	需要发送的最大字节长度
CONNECT	Variant	指向连接描述结构的指针
DATA	Variant	指向发送区的指针，该发送区包含要发送数据的地址和长度
ADDR	Variant	udp 需使用的隐藏参数
COM_RST	Bool	在从"0"变为"1"时，会重置连接
DONE	Bool	状态参数，可表示发送作业已成功
BUSY	Bool	状态参数，可表示发送作业正在进行中
ERROR	Bool	状态参数，表示出现错误
STATUS	Word	指令的状态

（2）定义 TSEND_C 连接参数

单击指令右上角的开始组态图标，弹出"连接参数"窗口，在如图 4.2.7 所示的窗口中，把"伙伴端点"选择为"2 号站"，"连接数据"都选择"新建"，自动生成数据，"伙伴端口"选择默认值"2000"。

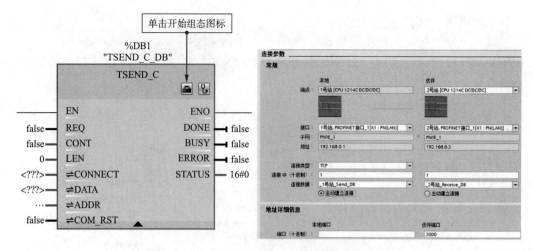

图 4.2.7　定义 TSEND＿C 连接参数

注意：在实际工程中可能有多个站，"伙伴"选择哪个站，要根据工程实际要求确定。

（3）定义 TSEND＿C 块参数

在图 4.2.7 所示的窗口中，单击"块参数"，切换出如图 4.2.8 所示的窗口，在窗口中定义块参数。

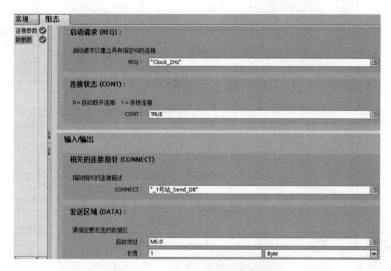

图 4.2.8　定义 TSEND＿C 块参数

注意：定义的参数以工程实际需要为准，图中参数为示例参数。

启动请求 REQ：定义为"Clock＿2Hz"。

连接状态 CONT：TRUE（默认值）。

相关的连接指针 CONNECT：＿1 号站＿Send＿DB（默认值）。

起始地址（目的地址，可以认为是 2 号站被控制对象）：定义为"Q0.0"。

长度："1""Byte"。

发送区域起始地址（本地地址，可以认为是 1 号站操作元件）：定义为"M5.0"。

长度："1""Byte"。

注意：如果发送区域起始地址用数据块的地址，必须先建立数据块，并在建立的数据块属性中把勾选了的"优化的块访问"取消，否则运行时会出现错误。

参数定义完成后，TSEND_C 指令参数也就填写完毕，如图 4.2.9 所示。

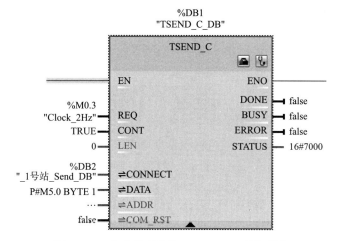

图 4.2.9　定义完成后的 TSEND_C 通信指令

4.2.3　定义 TRCV_C 通信指令（接收指令）

TRCV_C 指令的功能是从远程（伙伴、服务端）站接收（读取）数据。

（1）调用 TRCV_C 通信指令

以 1 号站为例，选择程序块，双击打开"Main〔OB1〕"，在右边"指令"→"通信"的"开放式用户通信"中选择"TRCV_C"指令，并拖入程序编辑区，自动生成 DB 块，如图 4.2.10 所示。

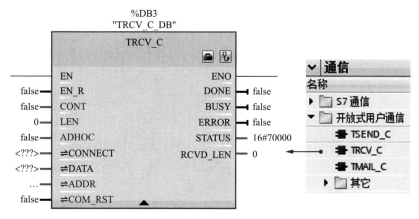

图 4.2.10　调用 TRCV_C 通信指令

注意：如果接收区域起始地址用数据块的地址，必须先建立数据块，并在建立的数据块属性中取消选中"优化的块访问"复选框，否则运行时会出现错误。

TRCV＿C 指令各引脚参数含义见表 4.2.2。

表 4.2.2　TRCV＿C 通信指令各引脚含义

引脚	数据类型	说明
EN＿R	Bool	接收请求（启动信号）
CONT	Bool	控制通信连接： 0：断开通信连接 1：建立并保持通信连接
LEN	UDInt	需要接收的最大字节长度
ADHOC	Bool	Ad＿hoc 模式
CONNECT	Variant	指向连接描述结构的指针
DATA	Variant	指向接收区的指针，该接收区包含要发送数据的地址和长度
ADDR	Variant	udp 需使用的隐藏参数
COM＿RST	Bool	在从"0"变为"1"时，会重置连接
DONE	Bool	状态参数，可表示接收作业已成功
BUSY	Bool	状态参数，可表示接收作业正在进行中
ERROR	Bool	状态参数，表示出现错误
STATUS	Word	指令的状态
RCVD＿LEN	UDInt	实际接收的数据量

（2）定义 TRCV＿C 连接参数、块参数

TRCV＿C 指令连接参数、块参数的定义方法与 TSEND＿C 指令一样。定义完成后的 TRCV＿C 指令如图 4.2.11 所示。

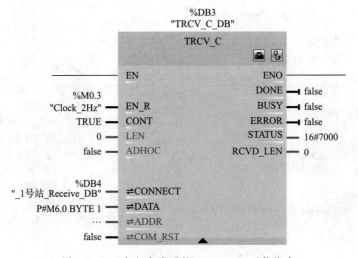

图 4.2.11　定义完成后的 TRCV＿C 通信指令

4.2.4 编程实例

某设备工艺要求：用 OUC（开放式）通信协议控制方式实现：按下本地控制的启动按钮 SB1 或停止按钮 SB2，本地电动机启动或停止；按下本地的远程控制启动按钮 SB3 或停止按钮 SB4，远程电动机启动或停止。

1）任务分析。根据工艺要求，把 1 号站作为本地站，需要 4 个输入点、1 个输出点；把 2 号站作为远程站，需要 1 个输入点。

2）绘制 I/O 地址分配表。I/O 地址分配表见表 4.2.3。

表 4.2.3 OUC 通信控制 I/O 地址分配表

PLC 站	输入			输出		
	输入元件	输入地址	定义	输出元件	输出地址	定义
本地（1 号）站	SB1	I0.0	本地站启动按钮	KA1	Q0.0	本地站电动机运行
	SB2	I0.1	本地站停止按钮			
	SB3	I0.2	远程站启动按钮			
	SB4	I0.3	远程站停止按钮			
远程（2 号）站				KA2	Q0.0	远程站电动机运行

3）绘制 I/O 接线图。I/O 接线图如图 4.2.12 所示。

注意事项：

① I/O 接线图中的地址一定要与分配表中的输入、输出地址一致，否则容易造成安装接线、调试错误。

② I/O 接线图中的输入控制元件，不管在继电器控制线路中同一个元件用了多少个触点，在 PLC 中只用一个触点作为输入点；除热继电器过载保护外，都采用常开触点。

③ 绘制 I/O 接线图时，不需要把 PLC 所有的输入、输出点都绘制出来，用哪个就绘制哪个。

④ PLC 用的是 DC 输出，交流接触器的线圈不能直接连接到 PLC 的输出端子，需要用直流继电器触点隔离控制。

4）根据 I/O 接线图完成 PLC 与外接输入元件和输出元件的接线，然后按照图 4.2.1 所示 OUC 通信硬件连接示意图连接网络。

5）根据工艺控制要求编写程序。

① 创建新项目，并添加好两个 PLC 控制站。在各站的设备属性中"系统和时钟存储器"里勾选"启用系统存储器字节"和"启用时钟存储器字节"复选框。

② 组态网络。按照网络配置的方法组态网络，如图 4.2.5 所示。

③ 把创建及组态完成的网络下载到 PLC 中。

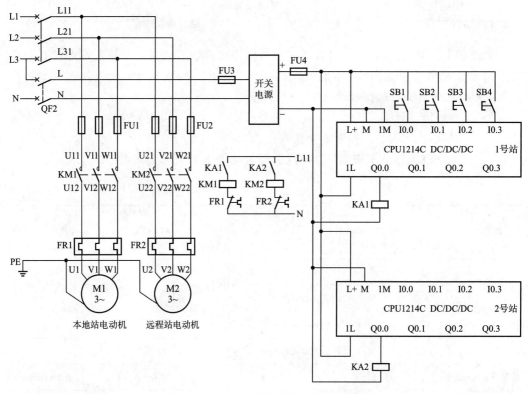

图 4.2.12 OUC 通信控制 I/O 接线图

④ 编写变量表。分别在 1 号站、2 号站中编写变量表，1 号站变量表如图 4.2.13 所示，2 号站变量表如图 4.2.14 所示。

		名称	数据类型	地址
1		本地站启动	Bool	%I0.0
2		本地站停止	Bool	%I0.1
3		远程站启动	Bool	%I0.2
4		远程站停止	Bool	%I0.3
5		本地站电机	Bool	%Q0.0

图 4.2.13 1 号站变量表

		名称	数据类型	地址
1		远程站电机	Bool	%Q0.0

图 4.2.14 2 号站变量表

⑤ 设计 1 号站程序。

a. 在 1 号站 Main [OB1] 中，设计本地站电动机启动/停止程序段。参考程序段如图 4.2.15 所示。

b. 在 1 号站 Main [OB1] 中，设计远程站电动机启动/停止程序段。参考程序段如图 4.2.16 所示。

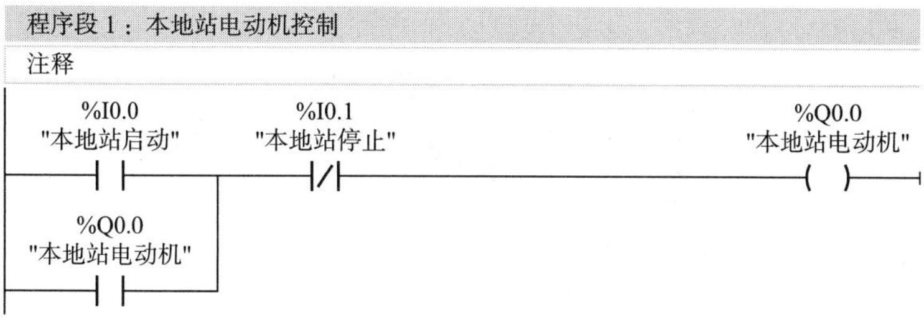

程序段 1：本地站电动机控制

注释

```
    %I0.0              %I0.1                              %Q0.0
  "本地站启动"        "本地站停止"                      "本地站电动机"
    ─┤ ├─              ─┤/├─                              ─( )─
    %Q0.0
  "本地站电动机"
    ─┤ ├─
```

图 4.2.15　本地站电动机启动/停止参考程序

程序段 2：远程站电动机控制

注释

```
    %I0.2              %I0.3                              %M5.0
  "远程站启动"        "远程站停止"                       "Tag_1"
    ─┤ ├─              ─┤/├─                              ─( )─
    %M5.0
   "Tag_1"
    ─┤ ├─
```

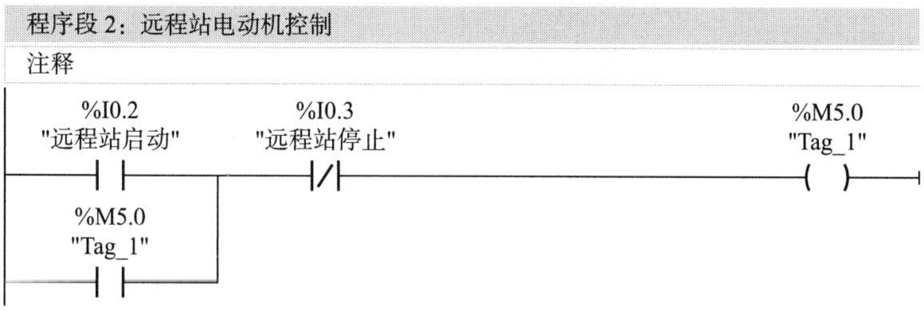

图 4.1.16　远程站电动机启动/停止参考程序

c. 调用 TSEND＿C 指令，并设置"连接参数""块参数"。"连接参数"设置如图 4.2.17 所示，"块参数"设置如图 4.2.18 所示。

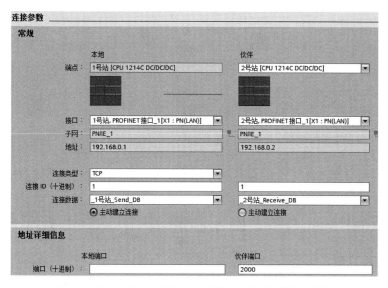

图 4.2.17　1 号站 TSEND＿C 指令"连接参数"设置

注意：本工程实例只需要 1 个控制位，故在长度单位中设置的"Bool"长度为 1。1 号站设计完成的参考程序如图 4.2.19 所示。

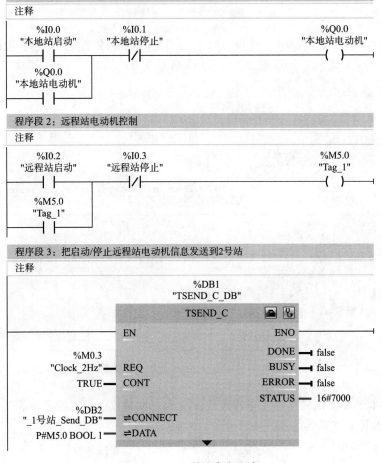

启动请求 (REQ)：

启动请求以建立具有指定ID的连接

REQ：`"Clock_2Hz"`

连接状态 (CONT)：

0 = 自动断开连接，1 = 保持连接

CONT：`TRUE`

输入/输出

相关的连接指针 (CONNECT)

指向相关的连接描述

CONNECT：`"_1号站_Send_DB"`

发送区域 (DATA)：

请指定要发送的数据区

起始地址：`M5.0`

长度：`1`　　　　`Bool`

图 4.2.18　1 号站 TSEND_C 指令"块参数"设置

程序段1：本地站电动机控制

注释

%I0.0	%I0.1	%Q0.0
"本地站启动"	"本地站停止"	"本地站电动机"
┤├	┤/├	( )

%Q0.0
"本地站电动机"
┤├

程序段2：远程站电动机控制

注释

%I0.2	%I0.3	%M5.0
"远程站启动"	"远程站停止"	"Tag_1"
┤├	┤/├	( )

%M5.0
"Tag_1"
┤├

程序段3：把启动/停止远程站电动机信息发送到2号站

注释

```
                        %DB1
                     "TSEND_C_DB"

                      TSEND_C

         ── EN                          ENO ──

   %M0.3                               DONE ─┤ false
"Clock_2Hz" ── REQ                     BUSY ─┤ false
      TRUE ── CONT                    ERROR ─┤ false
                                     STATUS ── 16#7000
     %DB2
"_1号站_Send_DB" ── ⇌CONNECT
P#M5.0 BOOL 1 ── ⇌DATA
                          ▼
```

图 4.2.19　1 号站参考程序

⑥ 设计 2 号站程序。

在 2 号站 Main［OB1］中，调用 TRCV＿C 指令，并设置"连接参数""块参数"。"连接参数"设置如图 4.2.20 所示，"块参数"设置如图 4.2.21 所示。

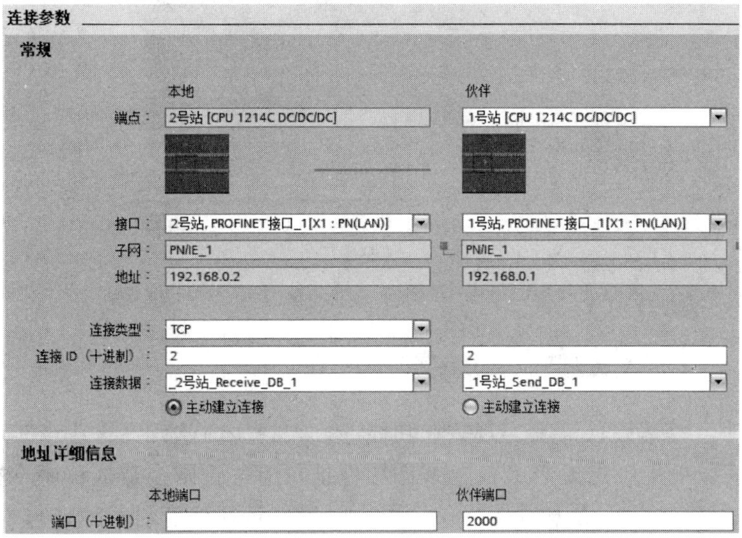

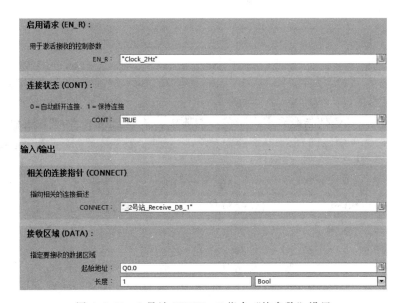

图 4.2.20　2 号站 TRCV＿C 指令"连接参数"设置

图 4.2.21　2 号站 TRCV＿C 指令"块参数"设置

2 号站设计完成的参考程序如图 4.2.22 所示。

⑦ 注意事项。

a. 初学编程，根据工艺要求，逐个功能去实现，不要急于求成，以免程序中出现过多的错误，修改困难。

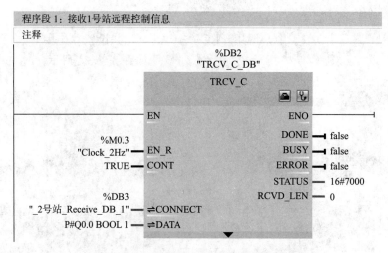

图 4.2.22　2号站参考程序

b. 编程时，外部硬件需要实现联锁功能的，在程序内软元件也应当实现联锁。

c. 变量表中地址一定要与 I/O 接线图中地址对应，否则会造成程序不能正常运行。

d. 在组态 TSEND_C 和 TRCV_C 指令时，一定要注意目标地址与本地地址不要混淆，否则无法进行通信控制。

6）将编写好的程序编译下载到 PLC。注意编译下载时，选中要下载的站，不要混淆。

7）运行调试。

4.2.5　实训操作

（1）实训目的

熟练使用 OUC 通信指令，根据工艺控制要求，掌握 PLC 的编程方法和调试方法，能够使用 PLC 解决实际问题。

（2）实训设备

实训设备包括计算机、S7-1200 可编程控制器、CSM1277 以太网交换机模块、开关板（600mm×600mm）、熔断器、交流接触器、热继电器、直流继电器、指示灯、组合开关、按钮、导线等。

（3）任务要求

在规定时间内正确完成两台三相异步电动机同向运行控制。

工艺要求：用 OUC 通信协议控制方式实现：本地站按钮控制本地电动机的启动和停止。若本地站电动机正向启动运行，则远程站电动机只能正向运行；若本地站电动机反向启动运行，则远程站电动机只能反向运行。同样，若先启动远程站电动机，则本地站电动机也要与远程站电动机运行方向一致。

（4）注意事项

1）通电前，必须在指导教师的监护和允许下进行。

2）要做到安全操作和文明生产。

（5）评分

评分细则见评分表。

"两台三相异步电动机同向运行控制实训操作"技能自我评分表

项目	技术要求	配分/分	评分细则	评分记录
工作前准备	清点实训操作所需的设备器件	5	每漏检或错检一件，扣1分	
绘制 I/O 地址分配表和接线图	正确绘制 I/O 地址分配表和接线图	5	地址遗漏，每处扣1分 接线图绘制错误，每处扣1分	
安装接线	1. 按照 PLC 控制 I/O 接线图，正确、规范安装线路 2. 正确连接网络	20	线路布置不整齐、不合理，每处扣2分 接线不规范，每根扣0.5分 不按 I/O 接线图接线，每处扣5分 网络连接错误，扣5分 损坏元件，每个扣5分	
程序设计	1. 按照控制要求设计梯形图 2. 将程序熟练写入 PLC 中	40	不能正确达到功能要求，每处扣5分 地址与 I/O 分配表和接线图不符，每处扣5分 不会将程序写入 PLC 中，扣10分 将程序写入 PLC 中不熟练，扣10分	
运行调试	正确运行调试	10	不会联机调试程序，扣10分 联机调试程序不熟练，扣5分 不会监控调试，扣5分	
清洁	设备器件、工具摆放整齐，工作台清洁	10	乱摆放设备器件、工具，乱丢杂物，完成任务后不清理工位，扣10分	
安全生产	安全着装，按操作规程安全操作	10	没有安全着装，扣5分 操作不规范，扣5分 出现事故，总分计0分	
额定工时 240min	超时，此项从总分中扣分		每超过5min，扣3分	

思 考 与 练 习

1. 如果 TSEND_C 或 TRCV_C 指令的发送区域或接收区域起始地址用数据块的地址，在调用 TSEND_C 和 TRCV_C 指令前应该先做什么？

2. 只有两台 PLC 通信控制，需要以太网交换机吗？为什么？

任务 4.3　Modbus TCP 通信控制

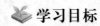 **学习目标**

1. 会 Modbus TCP 网络创建及组态。
2. 会调用 MB＿CLIENT 指令、MB＿SERVER 指令。
3. 会组态 MB＿CLIENT 指令、MB＿SERVER 指令。
4. 会 Modbus TCP 通信控制编程。

Modbus TCP 具有标准性、开放性、可互操作性、可靠性等优点，广泛应用于智能仪表、数据采集、楼宇自动化等工业自动化控制领域。

Modbus TCP 是开放的协议，互联网编号分配管理机构（Internet Assigned Numbers Authority，IANA）给 Modbus 协议赋予 TCP 端口号为 502，这是目前在仪表与自动化行业中唯一分配到的端口号。

Modbus TCP 通信网络由以太网交换机、客户端（主站）、服务器端（从站）构成，服务器端（从站）可以是 PLC、智能仪表、用来连接第三方设备的 Modbus 网关等。图 4.3.1 所示是 Modbus TCP 通信网络示意图。

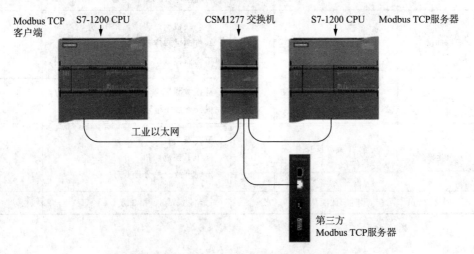

图 4.3.1　Modbus TCP 通信网络示意图

当 S7－1200 作为 Modbus TCP 客户端时，可通过以太网与 Modbus TCP 服务器通信，通过客户端指令（MB＿CLIENT）可与服务器建立连接，发送 Modbus 请求，接收响应。

当 S7－1200 作为 Modbus TCP 服务器时，可通过以太网与 Modbus TCP 的客户端通信。Modbus TCP 服务器指令（MB＿SERVER）用于处理 Modbus TCP 客户端的连

接请求，接收和处理 Modbus 请求，并发送 Modbus 应答报文。

4.3.1 客户端 MB_CLIENT 通信指令

（1）MB_CLIENT 通信指令调用

双击打开 Main［OB1］，在右边"指令"→"通信"→"其它"文件夹的"MOD-BUS TCP"文件夹中选择"MB_CLIENT"指令，并拖入程序编辑区，自动生成数据块，如图 4.3.2 所示。

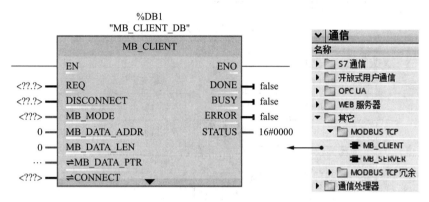

图 4.3.2 客户端 MB_CLIENT 通信指令调用

客户端 MB_CLIENT 通信指令各引脚参数含义见表 4.3.1。Modbus 功能表见表 4.3.2。

表 4.3.1 客户端 MB_CLIENT 通信指令各引脚含义

引脚	数据类型	说明
REQ	Bool	与服务器通信请求，=1 时数据一直交换，=0 时停止
DISCONNECT	Bool	=0 代表被动建立与客户端的通信连接，=1 代表终止连接；通常默认为 0
MB_MODE	USInt	选择 Modbus 请求模式，0 表示读取，1 表示写入，见表 4.3.2 Modbus 功能表
MB_DATA_ADDR	UDInt	Modbus 协议地址，见表 4.3.2 Modbus 功能表
MB_DATA_LEN	UDInt	数据长度：数据访问的位或字的个数，见表 4.3.2 Modbus 功能表
MB_DATA_PTR	Variant	本地存放地址，用 P# 格式
CONNECT	Variant	引用包含系统数据类型为 TCON_IP_v4 的连接参数的数据块结构，见 MB_CLIENT 通信指令引脚 CONNECT 定义部分内容
DONE	Bool	状态参数，可表示请求作业已成功，立即置 1

续表

引脚	数据类型	说明
BUSY	Bool	状态参数，可表示请求作业正在进行中，0 表示没有作业，1 表示正在作业
ERROR	Bool	状态参数，表示出现错误，0 表示无错误，1 表示出现错误
STATUS	Word	指令的状态详细信息

表 4.3.2　Modbus 功能表

MB_MODE	MB_DATA_ADDR	MB_DATA_LEN	操作和数据
0	1～9999	1～2000	读取输出位：每个请求 1～2000 个位
0	10001～19999	1～2000	读取输入位：每个请求 1～2000 个位
0	40001～49999	1～125	读取保持寄存器：每个请求 1～125 个字
0	30001～39999	1～125	读取输入字：每个请求 1～125 个字
1	1～9999	1	写入 1 个输出位：每个请求 1 位
1	40001～49999 或 40001～465535	1	写入 1 个保持寄存器：每个请求 1 个字
1	1～9999	2～1968	写入多个输出位：每个请求 2～1968 个字
1	40001～49999 或 40001～465535	2～123	写入多个保持寄存器：每个请求 2～123 个字

（2）MB_CLIENT 通信指令管脚 CONNECT 参数定义

1）先创建一个命名为"客户端"（可以自定义任何名称）的全局数据块，然后双击打开新生成的数据块，定义变量名称为"aa"（可以自定义任何名称），数据类型为 TCON_IP_v4（没有默认系统数据，必须手动输入），如图 4.3.3 所示。

客户端		
	名称	数据类型
1	▼ Static	
2	▶ aa	TCON_IP_v4

图 4.3.3　创建数据块

2）单击"aa"名称的三角符号，展开后显示如图 4.3.4 所示的 MB_CLIENT 通信指令引脚 CONNECT 参数，参数定义见表 4.3.3。

		名称	数据类型	起始值
1		▼ Static		
2		■ ▼ aa	TCON_IP_v4	
3		■ InterfaceId	HW_ANY	64
4		■ ID	CONN_OUC	16#01
5		■ ConnectionType	Byte	16#0B
6		■ ActiveEstablished	Bool	TRUE
7		■ ▼ RemoteAddress	IP_V4	
8		■ ▼ ADDR	Array[1..4] of Byte	
9		■ ADDR[1]	Byte	192
10		■ ADDR[2]	Byte	168
11		■ ADDR[3]	Byte	0
12		■ ADDR[4]	Byte	12
13		■ RemotePort	UInt	502
14		■ LocalPort	UInt	0

图 4.3.4　MB_CLIENT 通信指令引脚 CONNECT 参数

表 4.3.3　MB_CLIENT 通信指令引脚 CONNECT 参数定义

参数名称		含义	定义值（起始值）
InterfaceId		硬件标识符	64
ID		连接 ID	取值范围 1～4095
ConnectionType		连接类型	TCP 默认设置值：16#0B
ActiveEstablished		建立连接	客户端设置值：TRUE
ADDR	ADDR［1］	远程站地址（服务器端），如远程站地址为 192.168.0.12	192
	ADDR［2］		168
	ADDR［3］		0
	ADDR［4］		12
RemotePort		远程站端口号	默认设置值：502
LocalPort		本地站端口号	默认设置值：0

编程软件版本不同，硬件标识符查看方式不同。

一种查看方式：在"设备组态"中，双击 PROFINET 接口，然后在"属性"中的"硬件标识符"中查看，如图 4.3.5 所示。

另一种查看方式：在"设备属性"中，单击"系统常数"，然后在"属性"中的"硬件标识符"中查看，如图 4.3.6 所示。

（3）MB_CLIENT 通信指令应用注意事项

1）MB_CLIENT 通信指令可以多次调用。

2）每个 MB_CLIENT 连接都必须使用唯一的背景数据块。如果有多个服务器端，在同一背景数据块中建立多个数据类型为 TCON_IP_v4 的数据。

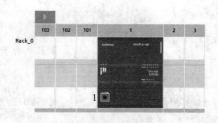

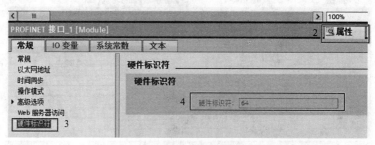

图 4.3.5　通过 PROFINET 接口查看硬件标识符

图 4.3.6　通过设备属性查看硬件标识符

3）每个 MB＿CLIENT 连接必须指定唯一的服务器 IP 地址。

4）在修改 CONNECT 引脚的指针参数或端口参数后一般需要重新启动 PLC 才有效。

5）MB＿DATA＿PTR 指定的数据缓冲区可以为 M 存储区（如 P♯M100.0 WORD 10）或地址数据块（如 P♯DB1.DBX0.0 WORD 10）。数据块为标准的数据块结构，在"属性"中（右击数据块）取消选中"优化的块访问"复选框，需要以绝对地址的方式填写该引脚，这样便于写 P♯格式。

6）注意不同的 MB＿CLIENT 功能块寄存器地址范围不要一样（40001～49999），特别是读写时一定不能一样，否则容易造成数据混乱，因为读写的 40001～49999 的寄存器地址是同一个区域。

4.3.2　服务器端 MB_SERVER 通信指令

（1）MB_SERVER 通信指令调用

双击打开 Main［OB1］，在右边"指令"→"通信"→"其它"文件夹的"MOD-BUS TCP"文件夹中选择"MB_SERVER"指令，并拖入程序编辑区，自动生成数据块，如图 4.3.7 所示。

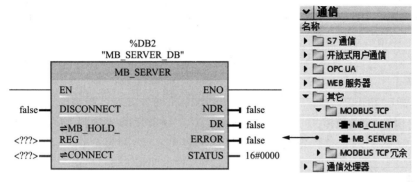

图 4.3.7　服务器端 MB_SERVER 通信指令调用

服务器端 MB_SERVER 通信指令各引脚参数含义见表 4.3.4。

表 4.3.4　服务器端 MB_SERVER 通信指令各引脚含义

引脚	数据类型	说明
DISCONNECT	Bool	=0 代表被动建立与客户端的通信连接，=1 代表终止连接
MB_HOLD_REG	Variant	设定保持寄存器的起始地址和数量。映射地址见表 4.3.5。用 P# 格式
CONNECT	Variant	引用包含系统数据类型为 TCON_IP_v4 的连接参数的数据块结构，见 MB_SERVER 通信指令管脚 CONNECT 定义部分内容
NDR	Bool	新数据就绪：=0 表示没有新数据，=1 表示 Modbus 客户端已写入新数据
DR	Bool	数据读取：=0 表示没有读取数据，=1 表示 Modbus 客户端已读取该数据
ERROR	Bool	状态参数，表示出现错误，0 表示无错误，1 表示出现错误
STATUS	Word	指令的状态详细信息

保持性寄存器存储区与 MB_SERVER 引脚参数 MB_HOLD_REG 进行映射，线圈、离散输入、输入寄存器等通过功能块均已经与 S7－1200 的过程映像区进行了映射，其映射地址对应见表 4.3.5。

表 4.3.5 引脚 MB _ HOLD _ REG 映射地址对应表

Modbus 功能		S7 - 1200	
功能	Modbus 地址	数据区	PLC 地址
读取位	1~8192	输出过程映像	Q0.0~Q1023.7
读取位	10001~18192	输入过程映像	I0.0~I1023.7
读取字	40001~40099	输入过程映像	DB100.DBW0~DB100.DBW198
读取字	30001~30512	输入过程映像	IW0~IW1022
写入位	1~8192	输出过程映像	Q0.0~Q1023.7
写入位	1~8192	输出过程映像	Q0.0~Q1023.7

（2）MB _ SERVER 通信指令引脚 CONNECT 参数定义

MB _ SERVER 通信指令引脚 CONNECT 参数定义的方法与 MB _ CLIENT 通信指令引脚 CONNECT 参数定义方法一样。其参数定义见表 4.3.6，定义后的参数如图 4.3.8 所示。

表 4.3.6 MB _ SERVER 通信指令引脚 CONNECT 参数定义

参数名称		含义	定义值（起始值）
InterfaceId		硬件标识符	64
ID		连接 ID	取值范围 1~4095
ConnectionType		连接类型	TCP 默认设置值：16#0B
ActiveEstablished		建立连接	服务器端设置值：false
ADDR	ADDR [1]	远程站地址（客户端），如远程站地址为 192.168.0.13	192
	ADDR [2]		168
	ADDR [3]		0
	ADDR [4]		13
RemotePort		远程站端口号	默认设置值：0
LocalPort		本地站端口号	默认设置值：502

（3）MB _ SERVER 通信指令应用注意事项

1）MB _ SERVER 通信指令只能调用一次。所有客户端的读写数据全部包含在里面，所以要注意分别。

2）在修改过 CONNECT 引脚的指针参数或端口参数后一般需要重新启动 PLC 才有效。

3）MB _ HOLD _ REG 指定的数据缓冲区可以为 M 存储区（如 P♯M100.0 WORD 10）或地址数据块（如 P♯DB1.DBX0.0 WORD 10）。DB 块为标准的数据块结构，在"属性"中（右击数据块）取消选中"优化的块访问"复选框，需要以绝对地址的方式填写该引脚，这样便于写 P♯格式。

服务器端			
	名称	数据类型	起始值
1	▼ Static		
2	▼ bb	TCON_IP_v4	
3	■ InterfaceId	HW_ANY	64
4	■ ID	CONN_OUC	16#02
5	■ ConnectionType	Byte	16#0B
6	■ ActiveEstablished	Bool	false
7	▼ RemoteAddress	IP_V4	
8	▼ ADDR	Array[1..4] of Byte	
9	■ ADDR[1]	Byte	192
10	■ ADDR[2]	Byte	168
11	■ ADDR[3]	Byte	0
12	■ ADDR[4]	Byte	13
13	■ RemotePort	UInt	0
14	■ LocalPort	UInt	502

图 4.3.8　MB＿SERVER 通信指令引脚 CONNECT 参数

4.3.3　编程实例

用 Modbus TCP 通信协议控制方式实现两台 S7 - 1200 PLC 数据交换，要求 2 号站读取 1 号站 MW100 开始的 8 个读数，并保存到 2 号站从 MW50 开始的数据寄存器中。

1) 任务分析。根据工艺要求，本实例采用两台 CPU1214C DC/DC/DC 的 PLC。因为要求把 1 号站的数据读到 2 号站保存，所以 1 号站作服务器端、2 号站作客户端。

2) 绘制 I/O 地址分配表。只做数据交换，没有操作元件，无需 I/O 地址分配。

3) 绘制 I/O 接线图。只做数据交换，没有操作元件，无需 I/O 接线图。

4) 按照图 4.3.1 所示 Modbus TCP 通信网络示意图连接网络。

5) 根据工艺控制要求编写程序。

① 创建新项目，并添加好两个 PLC 控制站。在各站的设备属性中"系统和时钟存储器"里勾选"启用系统存储器字节"和"启用时钟存储器字节"复选框。

② 组态网络。按照网络配置的方法组态网络，如图 4.3.9 所示。本实例设置的 1 号站 IP 地址为 192.168.0.3，2 号站 IP 地址为 192.168.0.4。

③ 把创建及组态完成的网络下载到 PLC 中。

④ 编写变量表。不需要变量表。

⑤ 设计 1 号站（服务器端）程序。

a. 在 1 号站中添加 1 个名称为"服务器"的数据块，然后按照 MB＿SERVER 通信指令引脚 CONNECT 参数定义的方式定义参数，定义完成后的数据块如图 4.3.10 所示。

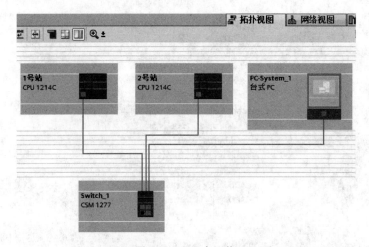

图 4.3.9　组态网络

		名称	数据类型	起始值
1		▼ Static		
2		▪ ▼ FW	TCON_IP_v4	
3		▪ InterfaceId	HW_ANY	64
4		▪ ID	CONN_OUC	16#01
5		▪ ConnectionType	Byte	16#0B
6		▪ ActiveEstablished	Bool	false
7		▪ ▼ RemoteAddress	IP_V4	
8		▪ ▼ ADDR	Array[1..4] of Byte	
9		▪ ADDR[1]	Byte	192
10		▪ ADDR[2]	Byte	168
11		▪ ADDR[3]	Byte	0
12		▪ ADDR[4]	Byte	4
13		▪ RemotePort	UInt	0
14		▪ LocalPort	UInt	502

服务器

图 4.3.10　1号站定义完成的数据块

b. 在 1 号站 Main［OB1］中设计程序。参考程序段如图 4.3.11 所示。

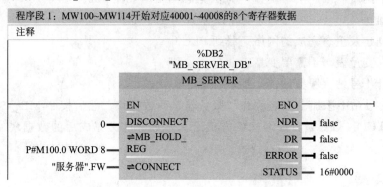

程序段1：MW100~MW114开始对应40001~40008的8个寄存器数据

图 4.3.11　1号站参考程序

P♯M100.0 WORD 8 键入的方法：P♯M100.0 ［空格键］ WORD ［空格键］ 8。

"服务器".FW 键入的方法：双击 "??" →选择 "服务器" →选择 "FW" →选择 "无" →按 Enter 键。

P♯M100.0 WORD 8 对应的 Modbus 的地址见表 4.3.7。

表 4.3.7   P♯M100.0 WORD 8 对应的 Modbus 的地址

PLC 地址	Modbus 地址	PLC 地址	Modbus 地址
MW100	40001	MW108	40005
MW102	40002	MW110	40006
MW104	40003	MW112	40007
MW106	40004	MW114	40008

c. 把 1 号站的程序下载到 PLC 中，完成 1 号站的设计。

⑥ 设计 2 号站（客户端）程序。

a. 在 2 号站中添加 1 个名称为 "客户端" 的数据块，然后按照 MB_CLIENT 通信指令管脚 CONNECT 参数定义的方式定义参数，定义完成后的数据块如图 4.3.12 所示。

		名称		数据类型	起始值
		客户端			
1		▼ Static			
2		■ ▼ KH		TCON_IP_v4	
3		■ InterfaceId		HW_ANY	64
4		■ ID		CONN_OUC	16#02
5		■ ConnectionType		Byte	16#0B
6		■ ActiveEstablished		Bool	TRUE
7		■ ▼ RemoteAddress		IP_V4	
8		■ ▼ ADDR		Array[1..4] of Byte	
9		■ ADDR[1]		Byte	192
10		■ ADDR[2]		Byte	168
11		■ ADDR[3]		Byte	0
12		■ ADDR[4]		Byte	3
13		■ RemotePort		UInt	502
14		■ LocalPort		UInt	0

图 4.3.12   2 号站定义完成的数据块

b. 在 2 号站 Main ［OB1］ 中设计程序。参考程序段如图 4.3.13 所示。

c. 把 2 号站的程序下载到 PLC 中，完成 2 号站的设计。

⑦ 注意事项。

a. Modbus TCP 通信需要用分时控制各 MB_CLIENT 功能块，在同一时间只能有一个 MB_CLIENT 功能块的 DISCONNET 处于 OFF（建立连接），否则会出现通信不正常。

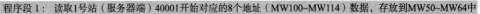

程序段1：读取1号站（服务器端）40001开始对应的8个地址（MW100~MW114）数据，存放到MW50~MW64中

注释

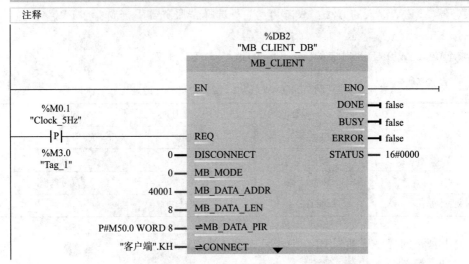

图4.3.13　2号站参考程序

b. 注意不同的 MB_CLIENT 功能块寄存器地址范围不要一样（40001~49999），特别是读写时一定不能一样，否则容易造成数据混乱，因为读写的 40001~49999 的寄存器地址是同一个区域。

c. 服务器端口号必须是 502，客户端端口号是 0。

d. 一定要注意客户端是主动连接，服务器端是被动连接，不要混淆，否则无法进行通信控制。

e. 在修改 CONNECT 引脚的指针参数或端口参数后一般需要重新启动 PLC 才有效。

6）将编写好的程序编译下载到 PLC。注意编译下载时要选中要下载的站，不要混淆。

7）运行调试。

4.3.4　实训操作

（1）实训目的

熟练使用 Modbus TCP 通信指令，根据工艺控制要求，掌握 PLC 的编程方法和调试方法，能够使用 PLC 解决实际问题。

（2）实训设备

实训设备包括计算机、S7-1200 可编程控制器、CSM1277 以太网交换机模块、开关板（600mm×600mm）、熔断器、交流接触器、热继电器、直流继电器、指示灯、组合开关、按钮、导线等。

（3）任务要求

在规定时间内正确完成两台 S7-1200 PLC 数据交换，1 号 PLC 作客户端，2 号 PLC 作服务器端，具体要求如下：

1）1 号 PLC 读取 2 号 PLC 的 8 个 IB 数据，地址自定义。

2）1 号 PLC 的 MW100～MW108 的数据写入 2 号 PLC 的 MW110～MW118 中。

（4）注意事项

1）通电前，必须在指导教师的监护和允许下进行。

2）要做到安全操作和文明生产。

（5）评分

评分细则见评分表。

"两台 PLC 数据交换实训操作"技能自我评分表

项目	技术要求	配分/分	评分细则	评分记录
工作前准备	清点实训操作所需的设备器件	5	每漏检或错检一件，扣 1 分	
绘制 I/O 地址分配表和接线图	正确绘制 I/O 地址分配表和接线图	5	地址遗漏，每处扣 1 分 接线图绘制错误，每处扣 1 分	
安装接线	1. 按照 PLC 控制 I/O 接线图，正确、规范安装线路 2. 正确连接网络	20	线路布置不整齐、不合理，每处扣 2 分 接线不规范，每根扣 0.5 分 不按 I/O 接线图接线，每处扣 5 分 网络连接错误，扣 5 分 损坏元件，每个扣 5 分	
程序设计	1. 按照控制要求设计梯形图 2. 将程序熟练写入 PLC 中	40	不能正确达到功能要求，每处扣 5 分	
			地址与 I/O 分配表和接线图不符，每处扣 5 分	
			不会将程序写入 PLC 中，扣 10 分	
			将程序写入 PLC 中不熟练，扣 10 分	
运行调试	正确运行调试	10	不会联机调试程序，扣 10 分 联机调试程序不熟练，扣 5 分 不会监控调试，扣 5 分	
清洁	设备器件、工具摆放整齐，工作台清洁	10	乱摆放设备器件、工具，乱丢杂物，完成任务后不清理工位，扣 10 分	
安全生产	安全着装，按操作规程安全操作	10	没有安全着装，扣 5 分 操作不规范，扣 5 分 出现事故，总分计 0 分	
额定工时 240min	超时，此项从总分中扣分		每超过 5min，扣 3 分	

思考与练习

1. P♯DB1.DBX0.0 WORD 100 表示什么意思？

2. 在修改 CONNECT 引脚的指针参数后，重新下载到 PLC 中，为什么不起作用？怎么解决？

项目  S7-1200与变频器综合应用

变频器是一种应用广泛的电力控制设备，主要用于调整交流电动机的电源频率。通过改变电动机的输入频率，变频器可以实现多种功能，提高设备的性能和可靠性，实现节能减排和安全生产。

本项目以西门子 G120 变频器为例，介绍 PLC 与变频器的多段速控制、PID 控制、通信控制等综合应用。

任务 5.1　G120 变频器简介

 学习目标

1. 了解 G120 变频器的接线。
2. 知道变频器控制单元接线端子的定义。
3. 会设定变频器的参数。

G120 变频器是一个模块化的变频器，主要包括功率模块（PM）、控制单元（CU）两大部分。其外观如图 5.1.1 所示。

5.1.1　安装与接线

（1）功率模块

功率模块可以驱动电动机功率范围为（0.37～250）kW。功率模块由控制单元内的微处理器控制；高性能的 IGBT 及电动机电压脉宽调制技术和可选择的脉宽调制频率使得电动机运行极为灵活可靠；多方面的保护功能可以为功率模块和电动机提供更高一级

图 5.1.1　G120 变频器外观

的保护；创新的冷却理念和加涂层的电子模块可以使变频器的使用寿命和高效运行时间显著加长。功率模块接线图如图 5.1.2 所示。

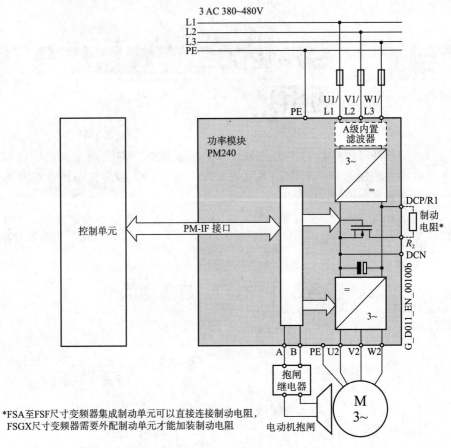

图 5.1.2　功率模块接线图

（2）控制单元

控制单元可以通过不同的方式对功率模块和所接的电动机进行控制和监控。它支持与本地或中央控制的通信，并且支持通过监控设备和输入/输出端子的直接控制。控制单元有 CU240E - 2（RS485 接口）、CU240E - 2F（RS485 接口，集成故障安全功能）、CU240E - 2DP（PROFIBUS - DP 接口）、CU240E - 2DP - F（PROFIBUS - DP 接口，集成故障安全功能）、CU240E - 2PN（PROFINET 接口）、U240E - 2PN - F（PROFINET 接口，集成故障安全功能）六种型号。

控制单元的接口、接线端子排等的分布如图 5.1.3 所示，接线图如图 5.1.4 所示。CU240E - 2（RS485）接线端子的定义见表 5.1.1。

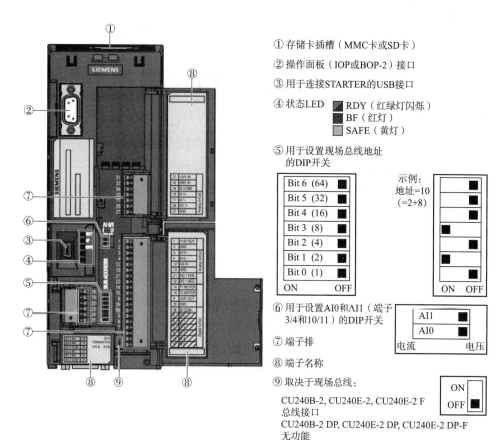

① 存储卡插槽（MMC卡或SD卡）

② 操作面板（IOP或BOP-2）接口

③ 用于连接STARTER的USB接口

④ 状态LED　■ RDY（红绿灯闪烁）
　　　　　　 ■ BF（红灯）
　　　　　　 ■ SAFE（黄灯）

⑤ 用于设置现场总线地址的DIP开关

Bit 6 (64)	■
Bit 5 (32)	■
Bit 4 (16)	■
Bit 3 (8)	■
Bit 2 (4)	■
Bit 1 (2)	■
Bit 0 (1)	■
ON	OFF

示例：
地址=10
（=2+8）

⑥ 用于设置AI0和AI1（端子3/4和10/11）的DIP开关

AI1	■
AI0	■
电流	电压

⑦ 端子排

⑧ 端子名称

⑨ 取决于现场总线：

CU240B-2, CU240E-2, CU240E-2 F
总线接口
CU240B-2 DP, CU240E-2 DP, CU240E-2 DP-F
无功能

| ON | |
| OFF | ■ |

CU240B-2, CU240E-2, CU240E-2 F

RS485插头，用于和现场总线系统进行通信

触点　名称
1　　0V参考电位
2　　RS485P，接收和发送（＋）
3　　RS485N，接收和发送（－）
4　　电缆屏蔽
5　　未连接

CU240B-2 DP, CU240E-2 DP, CU240E-2 DP-F

SUB-D插座，用于PROFIBUS DP通信

图 5.1.3　控制单元的接口、接线端子排分布图

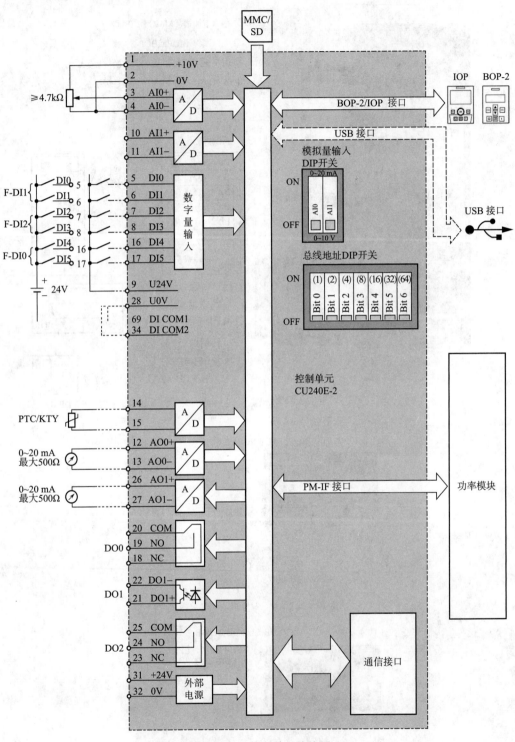

图 5.1.4　控制单元接线图

表 5.1.1　CU240E - 2 接线端子定义

端子名称		定义	端子名称		定义
1	+10V	10V 输出	14	PTC/KTY	温度传感器输入+
2	0V	0V 输出	15	PTC/KTY	温度传感器输入-
3	AI0+	模拟量输入通道0+	12	AO0+	模拟量输出通道0+
4	AI0-	模拟量输入通道0-	13	AO0-	模拟量输出通道0-
10	AI1+	模拟量输入通道1+	26	AO1+	模拟量输出通道1+
11	AI1-	模拟量输入通道1-	27	AO1-	模拟量输出通道1-
5	DI0	数字量输入通道0	20	COM	继电器输出公共端
6	DI1	数字量输入通道1	19	N0	继电器输出常开触点
7	DI2	数字量输入通道2	18	NC	继电器输出常闭触点
8	DI3	数字量输入通道3	22	DO1-	数字量输出-
16	DI4	数字量输入通道4	21	DO1+	数字量输出+
17	DI5	数字量输入通道5	25	COM	继电器输出公共端
9	U24V	24V 输出	24	N0	继电器输出常开触点
28	U0V	0V 输出	23	NC	继电器输出常闭触点
69	DI COM1	0V	31	+24V	24V 输入
34	DI COM2	0V	32	0V	0V 输入

（3）通信接口

通信接口端子接线图如图 5.1.5 所示。通信接口接线端子定义见表 5.1.2。

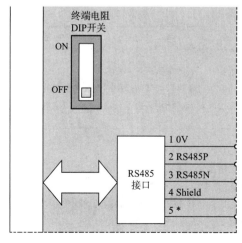

图 5.1.5　通信接口接线图

表 5.1.2 通信接口接线端子定义

端子名称		定义	端子名称		定义
1	0V	参考电位	4	Shield	通信线屏蔽
2	RS485P	接收和发送＋	5	*	未连接（未使用）
3	RS485N	接收和发送－			

5.1.2 操作面板

操作面板安装在控制单元上方，主要用于对变频器的调试、运行监控及参数的设置。BOP－2操作面板如图5.1.6所示。

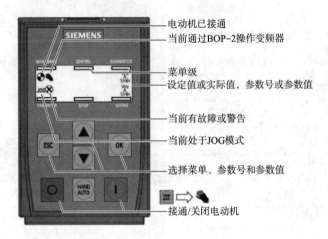

图 5.1.6 BOP－2 操作面板

BOP－2操作面板按键功能描述见表5.1.3。BOP－2操作面板图标功能描述见表5.1.4。

表 5.1.3 BOP－2 操作面板按键功能描述

按键	功能描述
OK	菜单选择时，表示确认所选的菜单项； 当选择参数时，表示确认所选择的参数和参数值设置，并返回上一级页面； 在故障诊断页面，使用该按键可以清除故障信息
▲	在菜单选择时，返回上一级页面； 当参数修改时，表示改变参数号或参数值； 在 HAND 模式下，点动运行方式下，长时间同时按▲和▼可以实现以下功能： 若在正向运行状态下，则将切换到反向状态； 若在停止状态下，则将切换到运行状态

续表

按键	功能描述
▼	在菜单选择时,返回下一级页面; 当参数修改时,表示改变参数号或参数值
ESC	若按该按键 2s 以下,表示返回上一级菜单,或表示不保存所修改的参数; 若按该按键 3s 以上,将返回监控页面; 注意:在参数修改模式下,此按键表示不保存所修改的参数值,除非之前已按OK键
I	在 AUTO 模式下,该按键不起作用; 在 HAND 模式下,表示启动命令
O	在 AUTO 模式下,该按键不起作用; 在 HAND 模式下,若连续按两次,将"OFF2"自由停车; 在 HAND 模式下,若按一次,将"OFF1",即按 P1121 的下降时间停车
HAND AUTO	在 HAND 模式下,按下该键,切换到 AUTO 模式; 在 AUTO 模式下,按下该键,切换到 HAND 模式; 在电动机运行期间,可以实现"AUTO"和"HAND"模式切换

注:若要锁住或解锁按键,只需要同时按下 ESC 键和 OK 键 3s 以上即可。

表 5.1.4 BOP-2 操作面板图标功能描述

图标	功能	状态	描述
✋	控制源	手动模式	HAND 模式下会显示,AUTO 模式下不显示
◑	变频器状态	运行状态	表示变频器处于运行状态,该图标是静止的
JOG	JOG 功能	点动功能激活	—
✖	故障和报警	静止表示报警, 闪烁表示故障	故障状态下会闪烁,变频器会自动停止 静止图标表示处于报警状态

5.1.3 变频器参数

G120 变频器的参数有很多,使用变频器进行参数设置时,根据需要查阅参数手册。

1. 变频器参数格式

G120 变频器参数主要由参数号、存取权限级别、数据类型、访问级别、"可更改"等构成,如图 5.1.7 所示。

p0010	驱动调试参数筛选 / 驱动调试参数筛选		
	存取权限级别：1	已计算：-	数据类型：Integer16
	可更改：C(1), T	规范化：-	动态索引：-
	单元组：-	单元选择：-	功能图：2800，2818
	最小	最大	出厂设置
	0	95	1

说明：   驱动调试参数筛选。
             通过相应设置，可筛选出在不同调试阶段可写入的参数。

数值：   0：   就绪
            1：   快速调试
            2：   功率单元调试
            3：   电机调试
            5：   工艺应用 / 单元
            15：   数据组
            29：   仅西门子内部
            30：   参数复位
            30：   仅西门子内部
            49：   仅西门子内部
            95：   Safety Integrated 调试

图 5.1.7   参数格式

1）p0010   驱动调试参数筛选/驱动调试参数筛选。

"p0010" 是参数号。参数号由一个前置的 p 或者 r、参数号和可选用的下标或位数组组成。p 表示可调参数（参数值可修改），r 表示显示参数（数值不可修改）。p0010 表示是一个参数值可以修改的参数。

"驱动调试参数筛选/驱动调试参数筛选" 是参数名称。

2）存取权限级别：1。

存取权限级别表示可以设置修改参数的权限，有 1（标准级）、2（扩展级）、3（专家级）、4（维修级）共 4 个级别。

3）数据类型：Integer 16。

Integer16 表示该参数为 16 位无符号数。

Integer32 表示该参数为 32 位无符号数。

4）可更改：C(1)，T。

"可更改" 表示变频器可以在什么状态下修改参数值。C 为快速调试，U 为运行状态，T 为停止状态。"可更改：C(1)，T" 表示该参数在变频器停止状态下可快速修改参数。

5）最小、最大、数值。

最小、最大：表示设置该参数的范围。

数值：表示该参数可以设置哪些数值，这些数值代表相应的功能。

6）出厂设置（默认值）。

出厂设置为变频器出厂的调试默认值。

2. 变频器参数设置修改方法

设置修改参数在菜单 PARAMS 和 SETUP 中进行，以修改 P700 [0] 参数为例，介绍参数设置修改方法（图 5.1.8）。

第一步：按▲或▼键，将光标移动到 PARAMS。

第二步：按 OK 键，进入 PARAMS 菜单。

第三步：按▲或▼键，选择 EXPERT FILTER 功能。

第四步：按 OK 键进入，面板显示 r 或 p 参数，并且参数号不断闪烁。按▲或▼键，选择参数"p700"。

第五步：按 OK 键，光标移到参数下标［00］，［00］不断闪烁，按▲或▼键可以选择不同的下标。

第六步：按 OK 键，光标移到参数值，参数值不断闪烁，按▲或▼键调整参数值。按 OK 键保存参数值。画面返回第四步的状态。

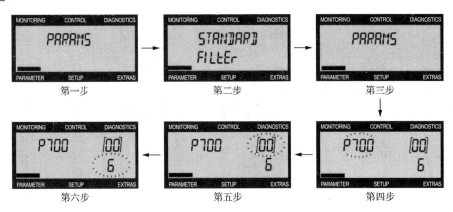

图 5.1.8   变频器参数设置修改步骤

3. 快速调试

快速调试是通过设置电动机参数、变频器的命令源、速度设定源等基本参数，从而简单、快速运转电动机的一种模式，其方法和步骤介绍如下（图 5.1.9）。

1）按▲或▼键，将光标移到 SETUP。

2）按 OK 键进入 SETUP 菜单，显示工厂复位功能。

如果需要复位，按▲或▼键选择"YES"，按 OK 键开始工厂复位，面板显示"BUSY"。如果不需要复位，按▼键。

3）按 OK 键进入 p1300 参数设置页面，按▲或▼键选择参数值，按 OK 键确认参数。

4）按 OK 键进入 p100 参数设置页面，按▲或▼键选择参数值，按 OK 键确认参数。我国使用的电动机为 IEC 电动机，该参数设置为 0。

5）p304 电动机额定电压设置。查看使用的电动机铭牌，按 OK 键进入 p304 参数设置页面，按▲或▼键选择参数值，按 OK 键确认参数。

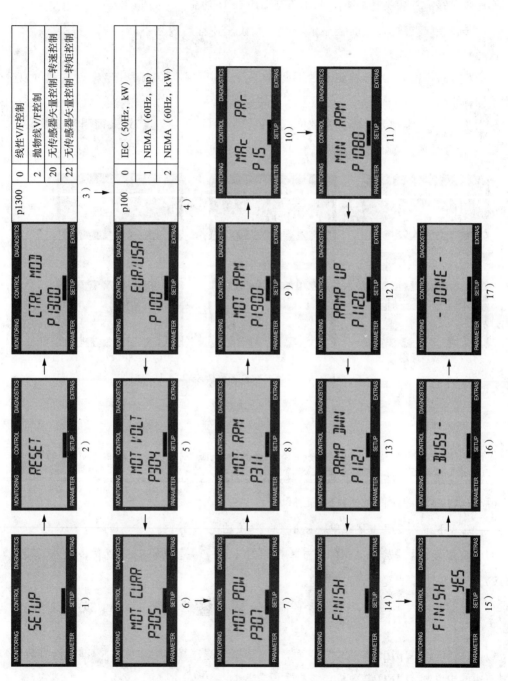

p1300	
0	线性V/F控制
2	抛物线V/F控制
20	无传感器矢量控制－转速控制
22	无传感器矢量控制－转矩控制

p100	
0	IEC (50Hz, kW)
1	NEMA (60Hz, hp)
2	NEMA (60Hz, kW)

图 5.1.9　快速调试步骤

6）p305 电动机额定电流设置。查看使用的电动机铭牌，按 OK 键进入 p305 参数设置页面，按 ▲ 或 ▼ 键选择参数值，按 OK 键确认参数。

7）p307 电动机额定功率设置。查看使用的电动机铭牌，按 OK 键进入 p307 参数设置页面，按 ▲ 或 ▼ 键选择参数值，按 OK 键确认参数。

8）p311 电动机额定转速设置。查看使用的电动机铭牌，按 OK 键进入 p311 参数设置页面，按 ▲ 或 ▼ 键选择参数值，按 OK 键确认参数。

9）p1900 电动机参数识别。按 OK 键进入 p1900 参数设置页面，按 ▲ 或 ▼ 键选择参数值，按 OK 键确认参数。

注：p1300＝20 或 22 时，该参数被自动设置为 2。

10）p15 预定义接口宏。按 OK 键进入 p15 参数设置页面，按 ▲ 或 ▼ 键选择参数值，按 OK 键确认参数。

11）p1080 电动机最低转速。按 OK 键进入 p1080 参数设置页面，按 ▲ 或 ▼ 键选择参数值，按 OK 键确认参数。

12）p1120 斜坡上升时间。按 OK 键进入 p1120 参数设置页面，按 ▲ 或 ▼ 键选择参数值，按 OK 键确认参数。

13）p1121 斜坡下降时间。按 OK 键进入 p1121 参数设置页面，按 ▲ 或 ▼ 键选择参数值，按 OK 键确认参数。

14）参数设置完毕后，进入结束快速调试页面。

15）按 OK 键进入，按 ▲ 或 ▼ 键选择"YES"，按 OK 键，确认结束快速调试。

16）面板显示"BUSY"，变频器进行参数计算。

17）计算完成，短暂显示"DONE"页面，随后光标返回 MONITOR 菜单。

如果在快速调试中设置 p1900 不等于 0，在快速调试后变频器会显示报警 A07991，提示已激活电动机数据辨识，等待启动命令。

5.1.4　静态识别

当使用矢量控制方式时，为了取得良好的控制效果，必须进行电动机参数的静态识别，以构建准确的电动机模型。静态识别过程如下：

1）快速调试过程中或快速调试完成后，设置 p1900＝2，此时会出现 A07991 报警。

2）给变频器启动命令，此时变频器启动向电动机内注入电流，电动机会发出吱吱的电磁噪声。该过程持续时间因电动机功率不同会有很大差异，电动机功率越大，持续时间约长，小功率电动机通常只需要十几秒。

3）如果没有出现故障，变频器停止，A07991 报警消失，p1900 被复位为 0，表示静态识别过程结束。

如果出现 F7990，表示电动机数据监测错误，可能由于电动机铭牌数据不准确或电动机接法错误导致。

4）设置 p0971＝1，保存静态识别参数。

思 考 与 练 习

1. 浏览网站或查阅西门子 G120 参数手册，了解学习其他参数。
2. 浏览网站，了解西门子还有哪些系列变频器。

任务 5.2　变频器多段速控制

学习目标

1. 知道 PLC 和变频器多段速控制的方法。
2. 会使用 PLC 开关量控制变频器。
3. 了解变频器外部端子的作用。
4. 熟悉变频器多段调速的参数设置和端子的接线。
5. 通过控制任务设计程序学习，提高编程能力。
6. 进一步熟悉 PLC 与变频器的使用。

5.2.1　工程实例

某送料小车由一台额定功率为 0.75kW、额定转速为 1440r/min、额定电压为 380V、额定电流为 2.05A、额定频率为 50Hz 的电动机拖动，工作示意图如图 5.2.1 所示。

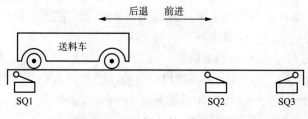

图 5.2.1　送料小车工作示意图

其控制工艺要求如下：

按下启动按钮，小车以 800r/min 的速度前进，前进到 SQ2 后转为 300r/min 的速度继续前进，前进到 SQ3 停止 5s，5s 后以 1100r/min 的速度后退到 SQ1 处停止，等待再次启动。

1）任务分析。根据工艺控制要求及 G120 变频器接口宏的预定义，用变频器的 D10、D11 做正反转控制，D14 做 800r/min、D15 做 300r/min、D14 + D15 做 1100r/min 速度控制。

2）绘制 I/O 地址分配表和 I/O 接线图。I/O 地址分配表见表 5.2.1，I/O 接线图如图 5.2.2 所示。

表 5.2.1　送料小车多段速控制 I/O 地址分配表

输入			输出		
输入元件	输入地址	定义	输出元件	输出地址	定义
SB1	I0.0	启动按钮	D10	Q0.0	前进控制
SB2	I0.1	停止按钮	D11	Q0.1	后退控制
SQ1	I0.2	起点位置	D14	Q0.2	多段速控制 1
SQ2	I0.3	减速位置	D15	Q0.3	多段速控制 2
SQ3	I0.4	终点位置	KM	Q0.5	变频器电源控制

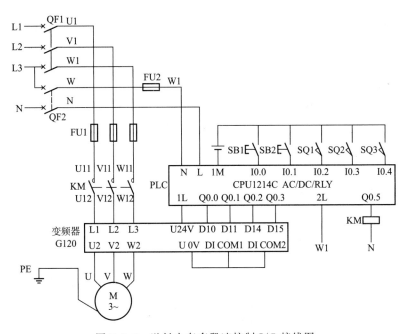

图 5.2.2　送料小车多段速控制 I/O 接线图

注意事项：

① 地址分配表中的输入、输出地址一定要与 I/O 接线图中的地址一致，否则容易造成安装接线、调试错误。

② I/O 接线图中的输入控制元件，不管在继电器控制线路中同一个元件用了多少个

触点，在 PLC 中只用一个触点作为输入点；除热继电器过载保护外，都采用常开触点。

③ 绘制 I/O 接线图时，不需要把 PLC、变频器所有的输入、输出点都绘制出来，用哪个就绘制哪个。

④ 为防止因交流接触器主触点熔焊不能断开而造成的短路事故，在 PLC 外部必须进行硬件联锁。

⑤ 变频器的控制信号公共端必须与其他控制信号的公共端分开。

⑥ 变频器的主电路（功率模块）后端不能接任何开关或接触器。

⑦ 变频器机架（外壳）必须可靠保护接地。

⑧ PLC 的 220V 工作电源应独立分开，不得与控制电源接在一起。

3）根据 I/O 接线图完成 PLC、变频器与外接输入元件和输出元件的接线。

4）根据工艺控制要求编写程序。

① 编写变量表。变量表如图 5.2.3 所示。

多段速控制变量表

		名称	数据类型	地址
1		启动	Bool	%I0.0
2		停止	Bool	%I0.1
3		起点位置	Bool	%I0.2
4		减速位置	Bool	%I0.3
5		终点位置	Bool	%I0.4
6		前进（D10）	Bool	%Q0.0
7		后退（D11）	Bool	%Q0.1
8		多段速1（D14）	Bool	%Q0.2
9		多段速2（D15）	Bool	%Q0.3
10		变频器电源控制	Bool	%Q0.5

图 5.2.3　送料小车多段速控制变量表

② 设计程序。参考程序如图 5.2.4 所示。

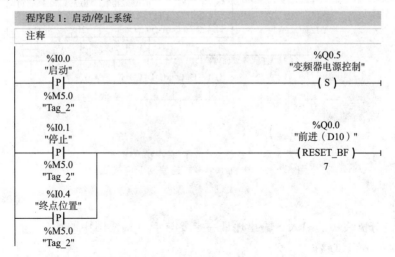

图 5.2.4　送料小车多段速控制参考程序

程序段 2：800r/min速度前进

注释

```
    %Q0.5                    %I0.4                                    %Q0.0
"变频器电源控制"              "终点位置"                                "前进（D10）"
    ─┤P├──────────────────────┤├────────────────────────────────────────( S )──
    %M3.0                                                              %Q0.2
    "Tag_1"                                                         "多段速1（D14）"
                                                                        ─( S )──
```

程序段 3：300r/min速度前进

注释

```
    %I0.3                                                              %Q0.2
"减速位置"                                                          "多段速1（D14）"
    ─┤├────────────────────────────────────────────────────────────────( R )──
                          %Q0.1                                        %Q0.3
                     "后退（D11）"                                  "多段速2（D15）"
                          ─┤/├───────────────────────────────────────────( S )──
```

程序段 4：到达终点，延时开始

注释

```
    %I0.4                                                              %Q0.0
"终点位置"                                                          "前进（D10）"
    ─┤├────────────────────────────────────────────────────────────────( R )──

                              %DB1
                         "IEC_Timer_0_DB"
                          ┌─────────────┐
                          │     TON     │
                          │     Time    │
                          │             │
                       ───┤IN         Q ├──────
                    T#5s ─┤PT        ET ├─ T#0ms
                          └─────────────┘
```

程序段 5：延时时间到，1100r/min速度后退

注释

```
"IEC_Timer_0                                                          %Q0.1
   DB".IN                                                          "后退（D11）"
    ─┤├────────────────────────────────────────────────────────────────( S )──
                                                                      %Q0.2
                                                                   "多段速1（D14）"
                                                                        ─( S )──
                                                                      %Q0.3
                                                                   "多段速2（D15）"
                                                                        ─( S )──
```

图 5.2.4　送料小车多段速控制参考程序（续）

5）将编写好的程序编译下载到 PLC。

6）变频器参数设置。

① 将电动机与变频器连接好。注意变频器绝对不允许开路运行。

② 将 D10、D11 与 PLC 断开。

③ 将 PLC 置于运行模式。

④ 合上电源开关 QS，并按下启动按钮 SB1。

⑤ 按照变频器参数设置修改方法，修改设置表 5.2.2 中的参数。

表 5.2.2　送料小车多段速控制变频器参数设置

序号	参数代码	设定值	单位	功能说明
1	p0003	3	—	权限级别：专家级
2	p0010	1, 0	—	驱动调试参数筛选：先设置为 1，当参数设置完成后再设置为 0
3	p0015	1	—	驱动设备宏指令：有两个固定值
4	p0304	380	V	电动机额定电压：380V
5	p0305	2.05	A	电动机额定电流：2.05A
6	p0307	0.75	kW	电动机额定功率：0.75kW
7	p0310	50	Hz	电动机额定频率：50Hz
8	p0311	1440	r/min	电动机额定转速：1440r/min
9	p1003	800	r/min	固定转速：800r/min
10	p1004	300	r/min	固定转速：300r/min
11	p1070	1024	—	转速固定值有效

⑥ 切断电源开关 QS。

⑦ 将 D10、D11 与 PLC 连接。

7）运行调试。

5.2.2　实训操作

1. 实训目的

1）熟悉变频器的参数设置和端子的接线。

2）根据工艺控制要求，掌握 PLC 与变频器控制编程的方法和调试方法，能够使用 PLC 解决实际问题。

2. 实训设备

实训设备包括计算机、S7-1200 可编程控制器、G120 变频器、开关板（600mm×600mm）、熔断器、交流接触器、热继电器、直流继电器、指示灯、组合开关、按钮、导线等。

3. 任务要求

某送料小车由一台额定功率为 0.75kW、额定转速为 1440r/min、额定电压为

380V、额定电流为 2.05A、额定频率为 50Hz 的电动机拖动，工作示意图如图 5.2.5 所示。

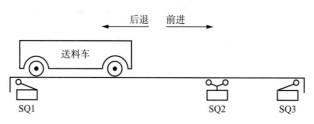

图 5.2.5 某送料小车工作示意图

其控制工艺要求如下：

按下启动按钮，小车以 400r/min 的速度前进，前进到 SQ2 后转为 1000r/min 的速度继续前进，前进到 SQ3 停止 5s，5s 后以 600r/min 的速度后退到 SQ1 处停止，等待再次启动。

4. 注意事项

1）变频器的控制信号公共端必须与其他控制信号的公共端分开。
2）变频器的主电路（功率模块）后端不能接任何开关或接触器。
3）变频器机架（外壳）必须可靠保护接地。
4）PLC 的 220V 工作电源应独立分开，不得与控制电源接在一起。
5）U 0V（28）、DI COM1（69）、DI COM2（34）要短接在一起。
6）通电前，必须在指导教师的监护和允许下进行。
7）要做到安全操作和文明生产。

5. 评分

评分细则见评分表。

"送料小车控制实训操作"技能自我评分表

项目	技术要求	配分/分	评分细则	评分记录
工作前准备	清点实训操作所需的设备器件	5	每漏检或错检一件，扣 1 分	
绘制 I/O 地址分配表和接线图	正确绘制 I/O 地址分配表和接线图	5	地址遗漏，每处扣 1 分 接线图绘制错误，每处扣 1 分	
安装接线	按照 PLC 控制 I/O 接线图，正确、规范安装线路	20	线路布置不整齐、不合理，每处扣 2 分 接线不规范，每根扣 0.5 分 不按 I/O 接线图接线，每处扣 5 分 损坏元件，每个扣 5 分	

续表

项目	技术要求	配分/分	评分细则	评分记录
程序设计	1. 按照控制要求设计梯形图 2. 将程序熟练写入PLC中	20	不能正确达到功能要求，每处扣5分	
			地址与I/O分配表和接线图不符，每处扣5分	
			不会将程序写入PLC中，扣10分	
			将程序写入PLC中不熟练，扣10分	
变频器参数设置	按照控制要求设置变频器参数	20	不会设置参数，计0分 设置参数错误，每处扣5分	
运行调试	正确运行调试	10	不会联机调试程序，扣10分 联机调试程序不熟练，扣5分 不会监控调试，扣5分	
清洁	设备器件、工具摆放整齐，工作台清洁	10	乱摆放设备器件、工具，乱丢杂物，完成任务后不清理工位，扣10分	
安全生产	安全着装，按操作规程安全操作	10	没有安全着装，扣5分 操作不规范，扣5分 出现事故，总分计0分	
额定工时 240min	超时，此项从总分中扣分		每超过5min，扣3分	

思考与练习

1. 浏览网站或查阅西门子 G120 参数手册，了解学习其他参数。
2. 浏览网站或查阅西门子 G120 参数手册，思考 7 段速度怎样设置参数。

任务 5.3 恒压供水系统控制

学习目标

1. 知道 PID 指令的使用。
2. 会使用 PLC 模拟量控制变频器。
3. 知道变频器模拟量参数设置和端子的接线。
4. 通过控制任务设计程序学习，提高编程能力。
5. 进一步熟悉 PLC 与变频器的使用。

在恒压供水系统中，往往采用变频器与 PLC 的 PID 控制方式。PID 具有结构简单、稳定性好、工作可靠、调整方便的优点，广泛应用于温度、压力、流量等实际控制工程中。

5.3.1　PID 指令应用

P（比例）I（积分）D（微分）是一种闭环控制算法，通过这些参数，被控对象跟随给定值的变化自动消除各种干扰对控制过程的影响，使系统达到稳定。

1. PID＿Compact 指令调用

PID＿Compact 指令只能在循环中断组织块里执行。在调用 PID＿Compact 指令时，首先要建立一个循环中断（Cyclic interrupt）组织块，再在"工艺"选项卡的 PID 文件夹中找到 PID＿Compact 指令，把指令直接拖到循环中断组织块中。该指令如图 5.3.1 所示。PID＿Compact 指令各引脚参数含义见表 5.3.1。

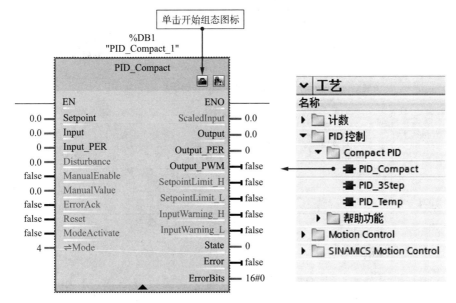

图 5.3.1　PID＿Compact 指令

表 5.3.1　PID＿Compact 指令各引脚含义

引脚	数据类型	说明
Setpoint	Real	PID 控制器在自动模式下的设定值
Input	Real	PID 控制器的反馈值（工程量）
Input＿PER	Int	PID 控制器的反馈值（模拟量）
Disturbance	Real	扰动量或预控制值
ManualEnable	Bool	＝1 时，激活手动模式；＝0 时，激活 Mode 指定的工作模式
ManualValue	Real	手动模式下的 PID 输出值

续表

引脚	数据类型	说明
ErrorAck	Bool	＝1时，错误确认，清除已离开的错误信息
Reset	Bool	重新启动控制器
ModeActivate	Bool	＝1时，PID_Compact切换到保存在Mode参数中的工作模式
Mode	Int	在Mode上，指定PID_Compact的工作模式： State＝0：未激活 State＝1：预调节 State＝2：精确调节 State＝3：自动模式 State＝4：手动模式
ScaledInput	Real	标定的过程值
Output	Real	PID的输出值（Real形式）
Output_PER	Int	PID的输出值（模拟量）
Output_PWM	Bool	PID的输出值（脉宽调制）
SetpointLimit_H	Bool	＝1，说明达到了设定值的绝对上限
SetpointLimit_L	Bool	＝1，说明达到了设定值的绝对下限
InputWarning_H	Bool	＝1，说明过程值已达到或超出警告上限
InputWarning_L	Bool	＝1，说明过程值已达到或低于警告下限
State	Int	显示PID控制器当前工作模式
Error	Bool	如果＝1，说明周期内至少有一条错误消息处于未解决状态
ErrorBits	DWord	显示处于未解决状态的错误信息

2. PID指令组态

PID指令组态分为基本设置、过程值设置、高级设置等部分。组态时，单击如图5.3.1所示的位置图标，出现如图5.3.2所示的对话框。

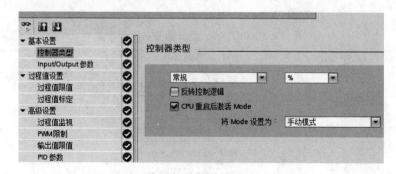

图5.3.2　PID_Compact指令组态对话框

（1）基本设置

1）控制器类型设置。点击"控制器类型"，在控制器类型选项卡里有几个设置选项。单击"常规"选项![下拉]符号，下拉后菜单出现很多选项，根据实际工程选择，旁边的"％"单位也根据实际工程选择；点击"将 Mode 设置为"选项![下拉]符号，下拉后菜单出现几个选项，通常选择"自动模式"；勾选"CPU 重启后激活 Mode"；"反转控制逻辑"不勾选，如图 5.3.3 所示。

图 5.3.3　控制器类型设置对话框

2）Input/Output 参数设置。单击"Input/Output 参数设置"，在 Input/Output 选项卡里，将"Input"选项设置为"Input ＿ PER（模拟量）"，将"Output"（为现场的反馈值，Real 数据类型）选项设置为"Output ＿ PER（模拟量）"（为模拟量输出，Int 数据类型，控制变频器的频率），如图 5.3.4 所示。

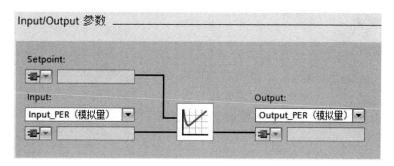

图 5.3.4　Input/Output 参数设置

（2）过程值设置

1）过程值限值设置。过程值限值根据实际工程需要设置上限值和下限值，如图 5.3.5 所示。

2）过程值标定。过程值标定默认，无需设置。

（3）高级设置

过程值监视参数根据实际工程需要设置警告上限值和下限值，如图 5.3.6 所示。其他选项卡全部为默认，无需设置。

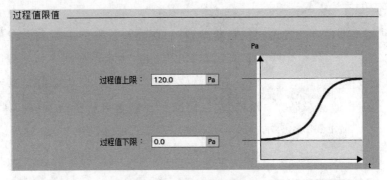

图 5.3.5 过程值限值参数设置

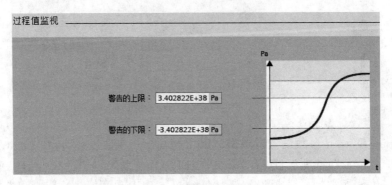

图 5.3.6 过程值监视参数设置

5.3.2 工程实例

管网供水压力要求恒定在 0.4MPa，管网压力由压力变送器检测并送入 PLC，压力变送器量程为 0～0.5MPa，输出信号为 4～20mA；水泵机组电动机额定功率为 0.75kW，额定转速为 1440r/min，额定电压为 380V，额定电流为 2.05A，额定频率为 50Hz。要求 PLC 电流模拟量输出控制变频器实现恒压供水系统控制，系统示意图如图 5.3.7 所示。

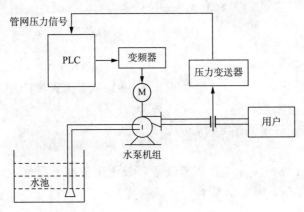

图 5.3.7 恒压供水系统示意图

1）任务分析。根据工艺控制要求，用 SM124（6ES7 2341－4HE32－0XB0）输入/输出模块采集现场压力、输出控制 G120 变频器，用变频器的 D10 做启动控制信号，AI0＋和 AI0－做模拟量控制输入。

因 PLC 中压力无 MPa 单位，需根据 1MPa＝1000kPa、1kPa＝10hPa 对压力进行单位换算，换算后管网压力为 4000hPa，变送器量程为 0～5000hPa。

2）绘制 I/O 地址分配表和 I/O 接线图。I/O 地址分配表见表 5.3.2，I/O 接线图如图 5.3.8 所示。

表 5.3.2　恒压供水控制 I/O 地址分配表

输入			输出		
输入元件	输入地址	定义	输出元件	输出地址	定义
SB1	I0.0	启动按钮	D10	Q0.0	启动信号
SB2	I0.1	停止按钮	KA	Q0.5	变频器电源控制
—			P	AI0＋	现场反馈值
				AI0－	
				AQ0＋	模拟量输出
				AQ0－	

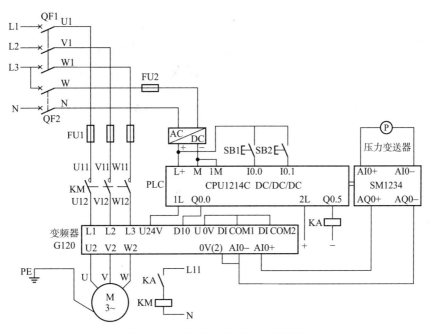

图 5.3.8　恒压供水控制 I/O 接线图

注意事项：

① 地址分配表中的输入、输出地址一定要与 I/O 接线图中的地址一致，否则容易造成安装接线、调试错误。

② I/O 接线图中的输入控制元件，不管在继电器控制线路中同一个元件用了多少个

触点，在 PLC 中只用一个触点作为输入点；除热继电器过载保护外，都采用常开触点。

③ 绘制 I/O 接线图时，不需要把 PLC、变频器所有的输入、输出点都绘制出来，用哪个就绘制哪个。

④ 为防止因交流接触器主触点熔焊不能断开而造成的短路事故，在 PLC 外部必须进行硬件联锁。

⑤ 变频器的控制信号公共端必须与其他控制信号的公共端分开。

⑥ 变频器的主电路（功率模块）后端不能接任何开关或接触器。

⑦ 变频器机架（外壳）必须可靠保护接地。

⑧ PLC 的 220V 工作电源应独立分开，不得与控制电源接在一起。

3）根据 I/O 接线图完成 PLC、变频器与外接输入元件和输出元件的接线。

4）根据工艺控制要求编写程序。

① 添加硬件。双击设备组态，直接将 AI4×1 3BIT/AQ2×1 4BIT 模拟量输入/输出模块（6ES7 234-4HE32-0XB0）拖到 CPU 旁边的机架 2 中，如图 5.3.9 所示。

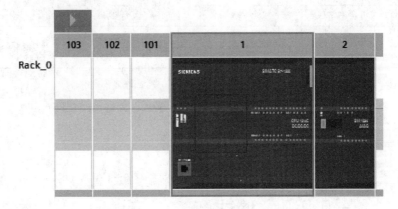

图 5.3.9　添加模拟量输入/输出模块

② 组态硬件。双击刚添加的硬件设备，在界面中根据工程实际需要的通道数量设定模拟量输入、模拟量输出。

a. 模拟量输入设定。把通道 0 "测量类型" 设置为 "电流"，"电流范围" 设置为 "4～20mA"，"通道地址" 为默认值 "IW96"，如图 5.3.10 所示。

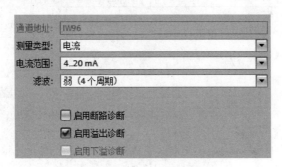

图 5.3.10　模拟量输入设定

b. 模拟量输出设定。把通道 0 "模拟量输出的类型" 设置为 "电流", "电流范围" 设置为 "4~20mA", "通道地址" 为默认值 "QW96", 如图 5.3.11 所示。

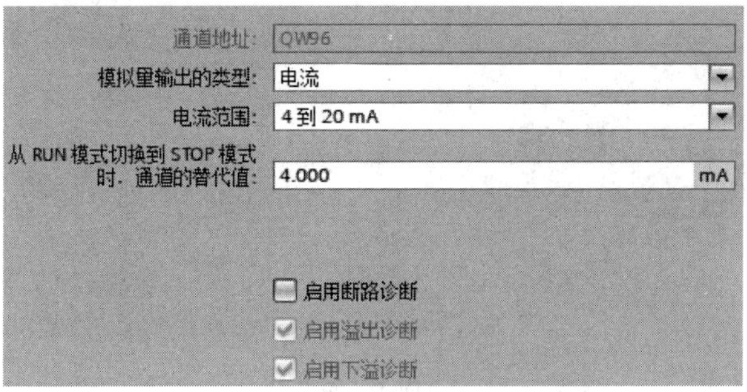

通道地址:	QW96
模拟量输出的类型:	电流
电流范围:	4 到 20 mA
从 RUN 模式切换到 STOP 模式时, 通道的替代值:	4.000 mA

☐ 启用断路诊断
☑ 启用溢出诊断
☑ 启用下溢诊断

图 5.3.11   模拟量输出设定

③ 编写变量表。变量表如图 5.3.12 所示。

	名称	数据类型	地址
1	启动按钮	Bool	%I0.0
2	停止按钮	Bool	%I0.1
3	启动	Bool	%Q0.0
4	控制	Bool	%Q0.5
5	现场值	Int	%IW96
6	输出值	Int	%QW96
7	转换值	DWord	%MD100
8	实际压力	DWord	%MD104

图 5.3.12   恒压供水控制变量表

④ 设计主程序。在主程序块（Main OB1）中设计启动、停止系统程序。参考程序如图 5.3.13 所示。

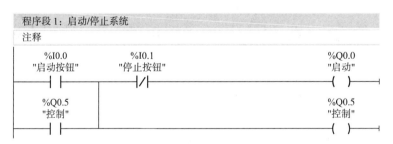

图 5.3.13   主程序参考程序

⑤ 添加循环中断组织块。在循环中断组织块中调用 PID _ Compact 指令, 如图 5.3.14 所示。

⑥ 组态 PID _ Compact 指令。

a. 控制器类型设置。把控制器类型设置为 "压力", 单位设置为 "hPa", 将 Mode 设置为 "自动模式", 勾选 "CPU 重启后激活 Mode", 如图 5.3.15 所示。

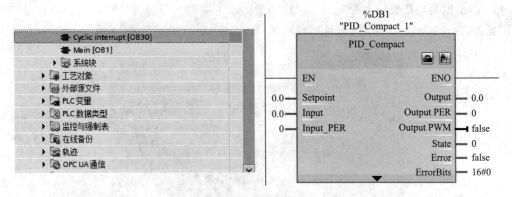

图 5.3.14　调用 PID _ Compact 指令

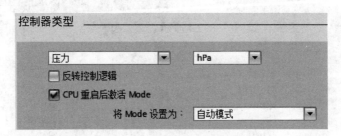

图 5.3.15　控制器类型设置

b. Input/Output 设置。将"Input"选项设置为"Input"，将"Output"选项设置为"Output _ PER（模拟量）"，如图 5.3.16 所示。

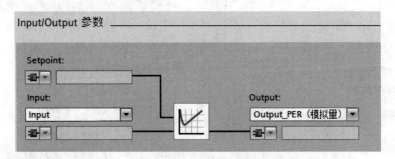

图 5.3.16　Input/Output 设置

c. 过程值限值设置。把过程值上限设置为"4000"，过程值下限设置为"0"，如图 5.3.17 所示。

d. 过程值监视设置。把过程值监视"警告的上限"设置为"4000"，"警告的下限"设置为"0"，如图 5.3.18 所示。

⑦ 设计 PID 程序。在循环中断组织块中设计 PID 程序。参考程序如图 5.3.19 所示。

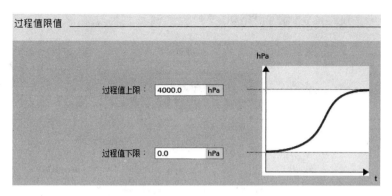

图 5.3.17　过程值限值设置

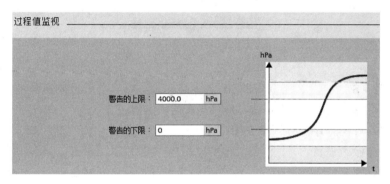

图 5.3.18　过程值监视设置

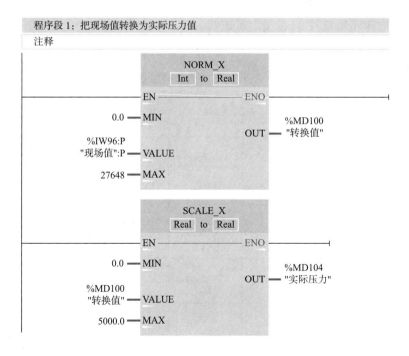

图 5.3.19　PID 参考程序

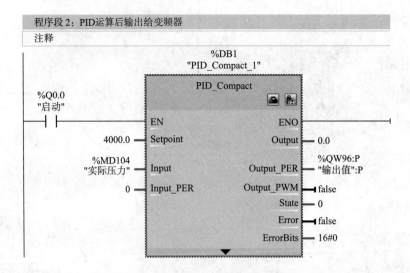

图 5.3.19　PID 参考程序（续）

特别注意： SCALE _ X 指令中的 MAX（最大值）应当是压力变送器的量程，PID _ Compact 指令中的 Setpoint（设定值）应当是管网恒定值。

5）将编写好的程序编译下载到 PLC。

6）变频器参数设置。

① 将电动机与变频器连接好，注意变频器绝对不允许开路运行。

② 将 D10 与 PLC 断开。

③ 将 PLC 置于运行模式。

④ 合上电源开关 QS，并按下启动按钮 SB1。

⑤ 按照变频器参数设置修改方法，修改设置表 5.3.3 中的参数。

表 5.3.3　恒压供水系统变频器参数设置

序号	参数代码	设定值	单位	功能说明
1	p0003	3	—	权限级别：专家级
2	p0010	1，0	—	驱动调试参数筛选：先设置为 1，当参数设置完成后再设置为 0
3	p0015	17	—	驱动设备宏指令：模拟量
4	p0304	380	V	电动机额定电压：380V
5	p0305	2.05	A	电动机额定电流：2.05A
6	p0307	0.75	kW	电动机额定功率：0.75kW
7	p0310	50	Hz	电动机额定频率：50Hz
8	p0311	1440	r/min	电动机额定转速：1440r/min
9	p0756	3	—	模拟量输入类型，4～20mA 电流输入

⑥ 切断电源开关 QS。

⑦ 将 DIP 开关 AI0、AI1 调节到位置"I（电流）"上。

⑧ 将 DI01 与 PLC 连接。

7）运行调试。

5.3.3 实训操作

1. 实训目的

1）熟悉变频器的参数设置和端子的接线。

2）根据工艺控制要求，掌握 PLC 与变频器控制编程的方法和调试方法，能够使用 PLC 解决实际问题。

2. 实训设备

实训设备包括计算机、S7 - 1200 可编程控制器、模拟量输入/输出模块（板）、G120 变频器、开关板（600mm×600mm）、熔断器、交流接触器、热继电器、直流继电器、指示灯、组合开关、按钮、导线等。

3. 任务要求

管网供水压力要求恒定在 0.4MPa，管网压力由压力变送器检测并送入 PLC，压力变送器量程为 0～0.5MPa，输出信号为 0～10V；水泵机组电动机额定功率为 0.75kW，额定转速为 1440r/min，额定电压为 380V，额定电流为 2.05A，额定频率为 50Hz。要求 PLC 电压模拟量（变频器 p0756 参数设置为 0）输出控制变频器实现恒压供水系统控制，系统示意图如图 5.3.7 所示。

4. 注意事项

1）将 DIP 开关 AI0、AI1 调节到位置"U（电压）"上。

2）变频器的控制信号公共端必须与其他控制信号的公共端分开。

3）变频器的主电路（功率模块）后端不能接任何开关或接触器。

4）变频器机架（外壳）必须可靠保护接地。

5）PLC 的 220V 工作电源应独立分开，不得与控制电源接在一起。

6）通电前，必须在指导教师的监护和允许下进行。

7）要做到安全操作和文明生产。

5. 评分

评分细则见评分表。

"恒压供水控制实训操作"技能自我评分表

项目	技术要求	配分/分	评分细则	评分记录
工作前准备	清点实训操作所需的设备器件	5	每漏检或错检一件，扣1分	
绘制 I/O 地址分配表和接线图	正确绘制 I/O 地址分配表和接线图	5	地址遗漏，每处扣1分 接线图绘制错误，每处扣1分	
安装接线	按照 PLC 控制 I/O 接线图，正确、规范安装线路	20	线路布置不整齐、不合理，每处扣2分 接线不规范，每根扣0.5分 不按 I/O 接线图接线，每处扣5分 损坏元件，每个扣5分	
程序设计	1. 按照控制要求设计梯形图 2. 将程序熟练写入 PLC 中	20	不能正确达到功能要求，每处扣5分	
			地址与 I/O 分配表和接线图不符，每处扣5分	
			不会将程序写入 PLC 中，扣10分	
			将程序写入 PLC 中不熟练，扣10分	
变频器参数设置	按照控制要求设置变频器参数	20	不会设置参数，计0分 设置参数错误，每处扣5分	
运行调试	正确运行调试	10	不会联机调试程序，扣10分 联机调试程序不熟练，扣5分 不会监控调试，扣5分	
清洁	设备器件、工具摆放整齐，工作台清洁	10	乱摆放设备器件、工具，乱丢杂物，完成任务后不清理工位，扣10分	
安全生产	安全着装，按操作规程安全操作	10	没有安全着装，扣5分 操作不规范，扣5分 出现事故，总分计0分	
额定工时 240min	超时，此项从总分中扣分		每超过5min，扣3分	

思考与练习

1. PID 是什么意思？

2. G120 变频器当设置为电压模拟量输入控制、电流模拟量输入控制时，必须将 DIP 开关 AI0、AI1 调节到什么位置上？

任务 5.4　S7-1200 与变频器 USS 通信控制

📖 **学习目标**

1. 知道 RS485 通信板（模块）的使用。
2. 会使用 USS 通信控制变频器。
3. 知道变频器通信参数设置和端子的接线。
4. 通过控制任务设计程序学习，提高编程能力。
5. 进一步熟悉 PLC 与变频器的使用。

USS 协议（通用串行接口协议）是西门子公司所有传动产品的通用通信协议，是一种基于串行总线进行数据通信的协议，是主-从结构的协议。

5.4.1　RS485 通信板（模块）

S7-1200 系列 PLC 的 USS 通信需要配置 CM1214（RS485）模块或 CB1214（RS485）通信板实现串行通信。每个 S7-1200 最多可安装三个 CM1214（RS485）模块和一个 CB1214（RS485）通信板，而每个 RS485 端口最多可与 16 台变频器通信。RS485 通信接口各引脚含义见表 5.4.1。

表 5.4.1　RS485 通信接口各引脚含义

引脚	含义	引脚	含义
1	RS485/逻辑接地	6	RS485/+5V 电源
2	RS485/未使用	7	RS485/未使用
3	RS485/TXD+	8	RS485/TXD-
4	RS485/RTS	9	RS485/未使用
5	RS485/逻辑接地		

5.4.2　USS 通信指令

S7-1200 USS 通信有两个 USS 指令库，如图 5.4.1 所示。

USS 库下的指令只在老项目中使用，只能用于 S7-1200 中央机架串口模块（CM1241 或 CB1241）。

USS 通信库是目前最新的指令库，以后的更新也会基于这个指令库。其除了适用于 S7-1200 中央机架串口模块（CM1241 V2.1 以上或 CB1241 且 S7-1200 CPU V4.1 以上），还可用于分布式 I/O PROFINET 或 PROFIBUS 的 ET200SP/ET200MP 串口通信模块。本任务将介绍和学习 USS 通信指令库中的指令。

1. USS_Port_Scan 指令

USS_Port_Scan 指令用于处理 USS 网络上的通信（通信请求）。用户程序执行 USS_Port_Scan 指令的次数必须足够多，以防止驱动器（变频器）超时。通常从循环中断调用 USS_Port_Scan，指令如图 5.4.2 所示，指令各引脚含义见表 5.4.2。

注意：

1）一个串口通信端口无论与几台变频器连接，都只能有一个 USS_Port_Scan 指令，每次调用该函数块都与单个驱动器进行通信。

2）如果使用 CB1241，需要将 USS_Port_Scan 背景 DB 中的 LINE_PRE 起始值更改为 0。

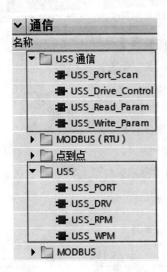

图 5.4.1　USS 指令库

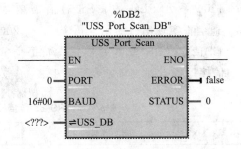

图 5.4.2　USS_Port_Scan 指令

表 5.4.2　USS_Port_Scan 指令各引脚含义

引脚	数据类型	说明
PORT	Port	串口模块硬件标识符
BAUD	DInt	波特率
USS_DB	USS_Base	USS 初始化的背景数据块（USS_Drive_Control. USB_D）
ERROR	Bool	该输出为 True 时，表示发生错误，此时 STATUS 输出错误代码
STATUS	Word	USS 通信状态值

2. USS_Drive_Control 指令

USS_Drive_Control 指令用于请求消息、驱动器响应消息及与驱动器交换数据。该指令如图 5.4.3 所示，指令各引脚含义见表 5.4.3。

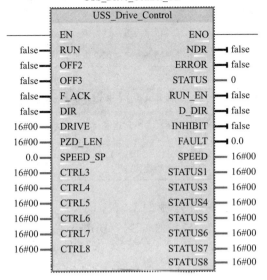

图 5.4.3　USS＿Drive＿Control 指令

表 5.4.3　USS＿Drive＿Control 指令各引脚含义

引脚	数据类型	说明
RUN	Bool	驱动器起始位：该输入为 True，将使驱动器以预设速度运行。如果在驱动器运行时 RUN 变为 false，电动机将减速直至停止
OFF2	Bool	电气停止位：该位为 false 时，将使驱动器在无制动的情况下自然停止
OFF3	Bool	快速停止位：该位为 false 时，将通过制动的方式使驱动器快速停止
F＿ACK	Bool	故障确认位
DIR	Bool	驱动器方向控制：该位为 True 时指示正方向（对于正 SPEED＿SP）
DRIVE	USInt	驱动器地址：该输入是 USS 驱动器的地址，有效范围是驱动器 1 到驱动器 16
PZD＿LEN	USInt	字长度：PZD 数据的字数，有效值为 2、4、6 或 8 个字
SPEED＿SP	Real	速度设定值：以组态频率的百分比表示的驱动器速度，正值表示正方向（DIR 为 True 时）
CTRL3～CTRL8	Word	控制字
NDR	Bool	新数据就绪：该位为 True，表示输出包含新通信请求数据
ERROR	Bool	该输出为 True 时，表示发生错误，此时 STATUS 输出错误代码
STATUS	Word	状态值

续表

引脚	数据类型	说明
RUN_EN	Bool	运行已启用：该位指示驱动器是否在运行
D_DIR	Bool	驱动器方向：该位指示驱动器是否正在正向运行
INHIBIT	Bool	驱动器已禁止：该位指示驱动器上禁止位的状态
FAULT	Bool	驱动器故障：在该位被置位时，设置 F_ACK 位以清除此位
SPEED	Real	驱动器当前速度（驱动器状态字 2 的标定值）：以组态速度百分数形式表示的驱动器速度值
STATUS1～STATUS8	Word	驱动器状态字

注意：每个驱动器应使用一个单独的 USS_Drive_Control 函数块，但同一个串口模块接口下的所有 USS 协议变频器的 USS_Drive_Control 必须使用同一个背景数据块。

3. USS_Write_Param 指令

USS_Write_Param 指令用于修改驱动器中的参数。必须从主程序循环 OB 中调用 USS_Write_Param。该指令如图 5.4.4 所示，指令各引脚含义见表 5.4.4。

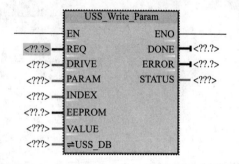

图 5.4.4　USS_Write_Param 指令

表 5.4.4　USS_Write_Param 指令各引脚含义

引脚	数据类型	说明
REQ	Bool	REQ 为 True 时，表示新的写请求
DRIVE	USInt	驱动器地址：DRIVE 是 USS 驱动器的地址，有效范围是驱动器 1 到驱动器 16
PARAM	UInt	参数编号：PARAM 指示要写入的驱动器参数，该参数的范围为 0～2047
INDEX	UInt	要写入的驱动器参数索引
EEPROM	Bool	参数为 True 时，写驱动器的参数将存储在驱动器 EEPROM 中

续表

引脚	数据类型	说明
VALUE	Word, Int, UInt, DWord, DInt, UDInt, Real	要写入的参数值, REQ 为 True 时该值必须有效
USS_DB	USS_BASE	将 USS_Drive_Control 指令放入程序时创建并初始化的背景数据块的名称
DONE	Bool	DONE 为 True 时, 表示输入 VALUE 已写入驱动器
ERROR	Bool	该输出为 True 时, 表示发生错误, 此时 STATUS 输出错误代码
STATUS	Word	写请求的状态代码

注意: 请勿过多使用 EEPROM 永久写操作。请尽可能减少 EEPROM 写操作次数, 以延长 EEPROM 的寿命。

4. USS_Read_Param 指令

USS_Read_Param 指令用于从驱动器读取参数。必须从主程序循环 OB 中调用 USS_Read_Param。该指令如图 5.4.5 所示, 指令各引脚含义见表 5.4.5。

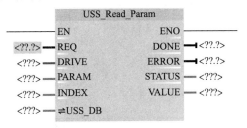

图 5.4.5 USS_Read_Param 指令

表 5.4.5 USS_Read_Param 指令各引脚含义

引脚	数据类型	说明
REQ	Bool	REQ 为 True 时, 表示新的读请求
DRIVE	USInt	驱动器地址: DRIVE 是 USS 驱动器的地址, 有效范围是驱动器 1 到驱动器 16
PARAM	UInt	参数编号: PARAM 指示要写入的驱动器参数, 该参数的范围为 0～2047
INDEX	UInt	要写入的驱动器参数索引
USS_DB	USS_BASE	将 USS_Drive_Control 指令放入程序时创建并初始化的背景数据块的名称
DONE	Bool	该参数为 True 时, VALUE 输出请求的读取参数值
ERROR	Bool	输出为 True 时, 表示发生错误, 此时 STATUS 输出错误代码
STATUS	Word	读请求的状态代码

续表

引脚	数据类型	说明
VALUE	Word，Int，UInt，DWord，DInt，UDInt，Real	已读取的参数的值，仅当 DONE 位为 True 时才有效

5.4.3 工程实例

用一台 PLC 实现对变频器拖动的电动机进行 USS 无级调速，电动机额定功率为 0.75kW，额定转速为 1440r/min，额定电压为 380V，额定电流为 2.05A，额定频率为 50Hz。

1）任务分析。根据控制要求，用一台 CPU1214C、一块 CB1214（RS485）通信板、一台 G120 变频器组成控制系统。

2）绘制 I/O 地址分配表和 I/O 接线图。I/O 地址分配表见表 5.4.6，I/O 接线图如图 5.4.6 所示。

表 5.4.6 无级调速 USS 通信控制 I/O 地址分配表

输入			输出		
输入元件	输入地址	定义	输出元件	输出地址	定义
SB1	I0.0	正转启动按钮	Q0.0	KA	变频器电源控制
SB2	I0.1	反转启动按钮			
SB3	I0.2	停止按钮			

注意事项：

① 地址分配表中的输入、输出地址一定要与 I/O 接线图中的地址一致，否则容易造成安装接线、调试错误。

② I/O 接线图中的输入控制元件，不管在继电器控制线路中同一个元件用了多少个触点，在 PLC 中只用一个触点作为输入点；除热继电器过载保护外，都采用常开触点。

③ 绘制 I/O 接线图时，不需要把 PLC、变频器所有的输入、输出点都绘制出来，用哪个就绘制哪个。

④ 为防止因交流接触器主触点熔焊不能断开而造成的短路事故，在 PLC 外部必须进行硬件联锁。

⑤ 变频器的控制信号公共端必须与其他控制信号的公共端分开。

⑥ 变频器的主电路（功率模块）后端不能接任何开关或接触器。

⑦ 变频器机架（外壳）必须可靠保护接地。

⑧ PLC 的 220V 工作电源应独立分开，不得与控制电源接在一起。

3）根据 I/O 接线图完成 PLC、变频器与外接输入元件和输出元件的接线。

4）根据工艺控制要求编写程序。

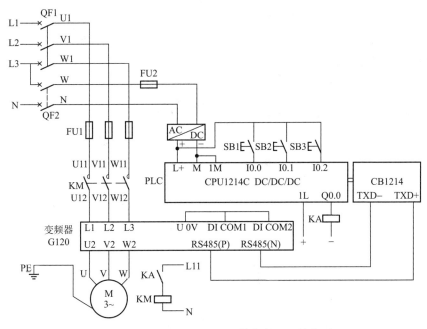

图 5.4.6　无级调速 USS 通信控制 I/O 接线图

① 添加硬件。双击设备组态按钮，直接将 CB1214（RS485）板块 "6ES7 241 - 1CH30 - 1XB0" 拖入如图 5.4.7 所示的位置。

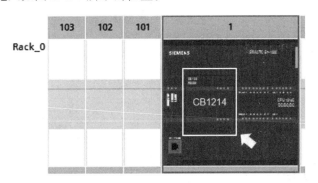

图 5.4.7　添加 CB1214（RS485）通信板块

② 设置通信板参数。双击刚添加的 CB1214 通信板块，在如图 5.4.8 所示界面的 "IO - Link" 中设置波特率（通信速率）等参数。

本实例的参数如下。

波特率：9.6kbps（9600bps）。奇偶校验：无。数据位：8 位字符。停止位：1。等待时间：1000ms。

特别注意： USS _ Port _ Scan 指令的 BAUD 的设定值，变频器的参数 p2020 的设定值，要与设置通信波特率时一致，否则不能通信。

③ 编写变量表。变量表如图 5.4.9 所示。

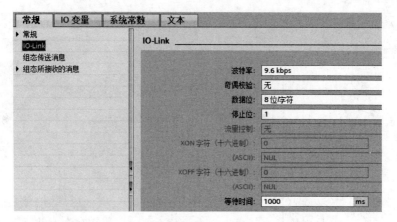

图 5.4.8 通信板块参数设置

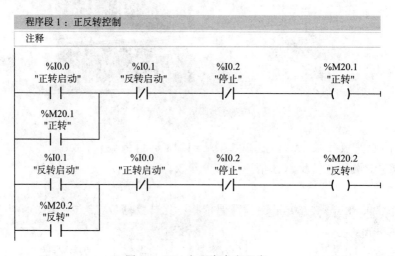

图 5.4.9 无级调速 USS 通信控制变量表

④ 设计主程序。在主程序块（Main OB1）中设计正反转启动、停止、速度控制程序。参考程序如图 5.4.10 所示。

程序段 1：正反转控制

注释

图 5.4.10 主程序参考程序

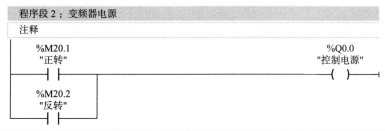

图 5.4.10　主程序参考程序（续）

⑤ 变频器参数设置。

a. 将电动机与变频器连接好。注意变频器绝对不允许开路运行。

b. 将 PLC 置于运行模式。

c. 合上电源开关 QS，并按下启动按钮 SB1。

d. 按照变频器参数设置修改方法修改设置表 5.4.7 中的参数。

表 5.4.7　无级调速 USS 通信控制变频器参数设置

序号	参数代码	设定值	单位	功能说明
1	p0003	3	—	权限级别：专家级

续表

序号	参数代码	设定值	单位	功能说明
2	p0010	1, 0	—	驱动调试参数筛选：先设置为1，当参数设置完成后再设置为0
3	p0015	21	—	驱动设备宏指令：USS通信
4	p0304	380	V	电动机额定电压：380V
5	p0305	2.05	A	电动机额定电流：2.05A
6	p0307	0.75	kW	电动机额定功率：0.75kW
7	p0310	50	Hz	电动机额定频率：50Hz
8	p0311	1440	r/min	电动机额定转速：1440r/min
9	p2030	1		USS协议
10	p2020	6	—	通信波特率
11	p2021	2	—	USS地址
12	p2031	0		无校验
13	p2023	127	—	PKW长度
14	p2040	100	ms	总线监控时间

e. 设置完成后切断电源开关 QS。

⑥ 设计通信请求程序。

a. 添加循环中断组织块，在循环中断组织块中调用 USS_Port_Scan 指令。

b. 链接 PORT 参数。参数链接方法如图 5.4.11 所示。

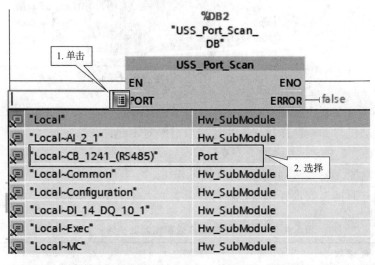

图 5.4.11 链接 PORT 参数

c. 直接输入 BAUD 波特率参数。本实例默认值为 9.6kb/s，即 9600b/s。

d. 链接 USS_DB 参数。一定要链接 USS_Drive_Control_DB。

设计完成的通信请求参考程序如图 5.4.12 所示。

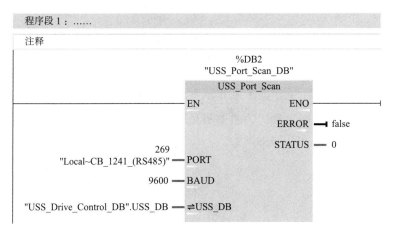

图 5.4.12　通信请求参考程序

5）将编写好的程序编译下载到 PLC。

6）运行调试。

5.4.4　实训操作

1. 实训目的

1）熟悉变频器的参数设置和端子的接线。

2）根据工艺控制要求，掌握 PLC 与变频器控制编程的方法和调试方法，能够使用 PLC 解决实际问题。

2. 实训设备

实训设备包括计算机、S7－1200 可编程控制器、RS485 通信板（模块）、G120 变频器、开关板（600mm×600mm）、熔断器、交流接触器、热继电器、直流继电器、指示灯、组合开关、按钮、导线等。

3. 任务要求

用一台 PLC 实现对变频器拖动的电动机进行 USS 通信调速，电动机额定功率为 0.75kW，额定转速为 1440r/min，额定电压为 380V，额定电流为 2.05A，额定频率为 50Hz。

工艺控制要求：

1）可实现正反转控制。

2）正转或反转启动后，以额定转速 30% 的速度运行 1min。

3）运行 1min 后，以额定转速 85% 的速度运行 3min。

4）运行 3min 后，以额定转速 100% 的速度运行，直到按下停止按钮。

4. 注意事项

1）变频器的控制信号公共端必须与其他控制信号的公共端分开。

2）变频器的主电路（功率模块）后端不能接任何开关或接触器。

3）变频器机架（外壳）必须可靠保护接地。

4）PLC 的 220V 工作电源应独立分开，不得与控制电源接在一起。

5）通电前，必须在指导教师的监护和允许下进行。

6）要做到安全操作和文明生产。

5. 评分

评分细则见评分表。

"USS 通信控制实训操作"技能自我评分表

项目	技术要求	配分/分	评分细则	评分记录
工作前准备	清点实训操作所需的设备器件	5	每漏检或错检一件，扣 1 分	
绘制 I/O 地址分配表和接线图	正确绘制 I/O 地址分配表和接线图	5	地址遗漏，每处扣 1 分 接线图绘制错误，每处扣 1 分	
安装接线	按照 PLC 控制 I/O 接线图，正确、规范安装线路	20	线路布置不整齐、不合理，每处扣 2 分 接线不规范，每根扣 0.5 分 不按 I/O 接线图接线，每处扣 5 分 损坏元件，每个扣 5 分	
程序设计	1. 按照控制要求设计梯形图 2. 将程序熟练写入 PLC 中	20	不能正确达到功能要求，每处扣 5 分 地址与 I/O 分配表和接线图不符，每处扣 5 分 不会将程序写入 PLC 中，扣 10 分 将程序写入 PLC 中不熟练，扣 10 分	
变频器参数设置	按照控制要求设置变频器参数	20	不会设置参数，计 0 分 设置参数错误，每处扣 5 分	
运行调试	正确运行调试	10	不会联机调试程序，扣 10 分 联机调试程序不熟练，扣 5 分 不会监控调试，扣 5 分	
清洁	设备器件、工具摆放整齐，工作台清洁	10	乱摆放设备器件、工具，乱丢杂物，完成任务后不清理工位，扣 10 分	
安全生产	安全着装，按操作规程安全操作	10	没有安全着装，扣 5 分 操作不规范，扣 5 分 出现事故，总分计 0 分	
额定工时 240min	超时，此项从总分中扣分		每超过 5min，扣 3 分	

思考与练习

1. 浏览网站或查阅西门子 G120 参数手册，了解学习其他参数。
2. 浏览网站，了解 PLC 与变频器还有哪些通信控制方式。

主要参考文献

[1] 西门子(中国)有限公司.SIMATIC S7-1200 可编程控制器系统手册[Z].2015.

[2] 西门子(中国)有限公司.SINAMICS G120C 参数手册[Z].2017.

[3] 西门子(中国)有限公司.G120 CU240B/E-2 简明调试手册[Z].2017.

[4] 西门子(中国)有限公司.SINAMICS G120C 操作说明[Z].2020.

[5] 廖常初.S7-1200 PLC 编程及应用[M].3 版.北京:机械工业出版社,2017.